我最喜欢的趣味几何书

GEOMETRY

[俄罗斯] 别莱利曼 著　　柯楠 编译

内 容 提 要

这是一本充满趣味的几何学书籍，它结合了日常生活、技术领域、自然界和科学幻想小说中的难题、怪题以及有趣的故事，用饶有趣味的叙述方式激发读者对几何学的兴趣，启发思考，让读者从几何的角度去理解和分析丰富多彩的生活现象，以及日常接触的事物。

图书在版编目（CIP）数据

我最喜欢的趣味几何书／（俄罗斯）别莱利曼著；柯楠编译. —北京：中国纺织出版社，2018.12（2021.1重印）
ISBN 978-7-5180-5203-5

Ⅰ.①我… Ⅱ.①别… ②柯… Ⅲ.①几何学—青少年读物 Ⅳ.①O18-49

中国版本图书馆CIP数据核字（2018）第147620号

策划编辑：郝珊珊　　责任校对：楼旭红　　责任印制：储志伟

中国纺织出版社出版发行
地址：北京市朝阳区百子湾东里A407号楼　邮政编码：100124
销售电话：010-67004422　传真：010-87155801
http://www.c-textilep.com
E-mail: faxing@c-textilep.com
中国纺织出版社天猫旗舰店
官方微博http://weibo.com/2119887771
河北鹏润印刷有限公司印刷　各地新华书店经销
2018年12月第1版　2021年1月第2次印刷
开本：710×1000　1/16　印张：14.5
字数：145千字　定价：39.80元

凡购本书，如有缺页、倒页、脱页，由本社图书营销中心调换

译者序

"全世界孩子最喜爱的大师趣味科学丛书"是世界著名科普作家别莱利曼最经典的作品之一,从1916年完成到1986年已经再版22次,被翻译成十几种文字,畅销20多个国家,全世界销量超过2000万册。

别莱利曼通过巧妙的分析,把一些高深的科学原理变得通俗简单,让晦涩难懂的科学习题变得生动有趣,还有各种奇思妙想以及让人意想不到的比对,这些内容大都跟我们的日常生活息息相关,有的取材于科学幻想作品,如马克·吐温、儒勒·凡尔纳、威尔斯等作者的作品片段,这些情节中描绘的奇妙经历,呈现出了鲜活的案例,不仅引人入胜,还能让读者在趣味阅读中收获知识。

由于写作年代的限制,这套书存在一定的局限性,毕竟作者在创作这套书时,科学研究没有现在严谨,书中用了一些旧制单位,且随着科学的发展,很多数据已经发生了改变。在编译这套书时,我们在保持这一伟大作品的精髓的同时,也做了些许的改动,并结合现代科学知识,进行了一些小小的补充。希望读者们在阅读时,能够有更大的收获。

在编译的过程中,我们已经尽了最大的努力,但依然不可避免会有疏漏之处。在此,恳请读者提出宝贵的意见和建议,帮助我们进行完善和改进。

目录

Chapter 1　森林中的几何学

利用阴影的长度来测量 \002

测量大树的两个简单方法 \007

凡尔纳的测量法 \009

不靠近大树也能测树高 \011

森林作业者的测量工具 \013

利用镜子测量高度 \015

两棵松树之间的距离 \017

深奥的树干体积计算方法 \018

万能公式 \019

如何测量生长中的大树的体积和质量 \021

树叶几何学 \024

六条腿的大力士 \026

Chapter 2　河畔几何学

不渡河测量河宽的方法 \030

帽檐测距法 \034

小岛有多长 \036

对岸的路人有多远 \037

最简易的测远仪 \039

小河蕴含着巨大能量 \042

测一测水流的速度 \043

河水的流量有多大 \045

水涡轮如何旋转 \048

彩虹膜有多厚 \049

水纹是一圈圈的吗 \051

榴霰弹爆炸时的形状 \053

由船头浪测算船速 \054

炮弹的飞行速度 \056

用莲花测算池水的深度 \058

倒映在河面上的星空 \059

在什么地方桥架距离最短 \061

架设两座桥梁的最佳地点 \063

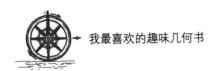

Chapter 3　旷野中的几何学

月亮看起来有多大 \066

视角与距离 \068

月亮和盘子 \070

电影拍摄中的特技镜头 \071

人体测角仪 \074

雅科夫测角仪 \077

钉耙式测角仪 \079

炮兵使用的测角仪 \080

从地平线上看见月亮和星星 \082

月亮影子的长度 \084

云层距离地面有多高 \085

Chapter 4　路途中的几何学

怎样步测距离 \090

目测练习 \092

铁轨的坡度 \095

如何测算一堆碎石的体积 \097

"骄傲的山丘"有多高 \098

公路的转弯有多大 \100

铁路转弯半径的计算 \101

海底是平的吗 \103

"水山"真的存在吗 \105

Chapter 5　不用工具和函数表的三角学

正弦值的计算方法 \108

不用函数表开平方根 \112

由正弦值计算角度 \113

太阳的高度是多少 \115

到小岛的距离 \116

湖水的宽度 \118

三角形区域的测算 \120

不进行任何测量的测量法 \122

Chapter 6　地平线几何学

地平线 \126

轮船的距离 \129

地平线离我们有多远 \131

果戈理的塔有多高 \134

站在普希金的山丘上 \136

指挥员眼中的灯塔 \137

距离多远能看到闪电 \139

帆船消失了 \140

月球上的"地平线"距离 \141

月球环形山上的"地平线"距离 \142

木星上的"地平线"距离 \143

Chapter 7　鲁滨孙几何学

星空几何学 \146

神秘岛纬度的测算 \150

神秘岛经度测算 \153

Chapter 8　黑暗中的几何学

少年航海家遇到的难题 \156

如何测量水桶中有多少水 \157

自制测量尺 \158

少年航海家又遇到了新难题 \160

木桶容积的计算 \162

马克·吐温夜游记 \165

徒手测量 \168

在黑暗中制作直角 \170

Chapter 9　关于圆的旧知识与新知识

埃及人和罗马人使用的几何学知识 \172

圆周率的精确度 \173

杰克·伦敦也会犯错 \175

投针实验 \176

绘制圆周展开图 \179

方圆问题 \181

宾科三角板法 \185

谁走了更多的路，是头还是脚 \187

赤道上的钢丝降温1℃，会发生什么变化 \189

"吊索人偶"的制作原理 \190

飞越北极的路线 \193

传动皮带有多长 \198

"聪明的乌鸦"真的能喝到水吗 \201

Chapter 10　无须测算的几何学

不用圆规也能作图 \204

薄片的重心在哪里 \205

拿破仑也感兴趣的题目 \207

最简单的三分角器 \209

用怀表将角3等分 \210

怎样等分圆周 \211

让"聪明的台球"来倒水 \213

一笔画出来 \219

柯尼斯堡的7座桥 \222

下棋游戏中的"常胜将军" \223

Chapter 1
森林中的几何学

利用阴影的长度来测量

直到现在，我依然清楚地记得一件事：在我很小的时候，曾经看到过一个秃顶的人，他想用一个小型的仪器测量一棵松树的高度。那棵松树很高，我以为他会拿着皮尺爬到树上去，可没想到，他却拿起一块方形的木板，对着松树瞄了一下，之后就把那个小仪器收起来了。然后，他拍拍手说："好了，测完了。"可在我看来，他根本就没有测量呀！

那时候，我的年纪还小，无法理解他的测量方法，也不知道是怎么回事，感觉就像变魔术一样。后来，我上了学，慢慢接触了几何学，才知道那根本不是魔术，原理也很简单。测量树木根本不需要做实际的测量，只需借助几种简单的仪器就行，且方法很多。

公元前6世纪，古希腊哲学家泰勒思发明了一个方法，这也被认为是最古老、最容易的方法。当时，很多人都想看看这位哲学家是如何测量高大的金字塔的，其中也包括法老和祭司。据说，泰勒思是这样做的：他选择了一个特殊的时间，在那个时间，他自身的影子长度刚好跟他的身高相等。此时，只要测量出金字塔影子的长度，就能知道金字塔的高度。只不过，金字塔影子的长度不是从金字塔的边缘计算，而是从塔底的正中心计算。

现在，即便是小孩子，对于这位哲学家发明的方法，也很容易明白其中的道理。但我们必须承认，这是因为我们学习了几何学之后才明白的，可当时还没有几何学。

大约在公元前300年，古希腊数学家欧几里得写过一本书，系统地论述了几何学。直至今天，这本书依然在被我们学习运用。对现在的中学生来说，书中的很多定理都很简单，可是在泰勒思那个时代，这些定理尚未被人们所知。而在测量金字塔高度的过程中，却免不了要用到其中的一些定理，也就是下面的这些三角形的特性：

·等腰三角形的两个底角相等。反之，如果三角形有两个角相等，那么这两个角的对边也相等。

·对于任意一个三角形，它的内角和等于180°。

泰勒思发明的测量高度的方法，就是基于三角形的这两个特性。当影子的长度和他的身高相等时，说明太阳照向地面的角度刚好等于直角的一半，即45°。此时，金字塔的高度和影子的长度刚好是一个等腰三角形的两条边，所以它们是相等的。

倘若天气很好，在太阳的照射下，大树就会有影子。此时，我们就能用这种方法来测量大树的高度。当然，最好选择一棵独立的大树，不然的话，树的影子会重合，不方便测量。然而，在纬度比较高的地方，这个方法就不太好用了。因为在这些地方，只有中午很短的一段时间里，影子的长度才跟物体的高度相等。所以说，这个方法不适用于所有地方。

不过，在这些地方，我们可以将方法改进一下，只要有影子就可以得到物体的高度。这时，需要做的工作就是，先分别测量出物体的影子和自己的影子的长度，然后借助下面的比例关系计算出物体的高度，如图 -1 所示。

图 -1 利用阴影的长度来测量树的高度。

$$AB : ab = BC : bc$$

这个关系之所以成立，也是运用到了几何学中的知识，如果两个三角形 ABC 和 abc 相似，那么它们的对应边就是成比例关系的。所以，物体的影子长度与身体的影子长度的比值，就与物体的高度跟身高的比值是相等的。

你可能会说：这么简单的道理，还要用几何学来证明吗？如果没有几何学，我们就无法测量出物体的高度了吗？事实恰恰如此。如图-2所示，如果我们把刚才的方法用到路灯以及它所形成的影子上，就行不通了。从图中可见，柱子 AB 的高度是矮木桩 ab 的 3 倍，可它们的影子 BC 和 bc 却不是 3 倍的关系，而是差不多 8 倍的关系。倘若没有几何学，要想充分解释这个方法的原理，并说明为何这个方法在此时不适用，是很困难的。

【题目】 为什么这个方法对路灯所形成的影子就不适用了呢？它跟前面测量大树的情形有什么不同？众所周知，我们把太阳照射出来的光线视为是平行的，而路灯发出的光线却并不平行，这一点我们可以从图-2中明显地看出来。那么，为何太阳发出的光线是平行

图-2 为什么在路灯下这种测量方法不适用？

Chapter 1 森林中的几何学

的呢？太阳光不也是从同一个太阳发出来的吗？

【解答】 我们之所以把太阳发出的光线视为是平行的，是因为从太阳发出的光线间的角度非常小，几乎可以忽略。这一点，我们可以用几何学的知识进行证明。假设从太阳上发出了两条光线，照射到地球上的某两个点，假定这两个点的距离有 1000 千米。如果我们有一个巨型的圆规，将其中的一只脚放到太阳的位置，另一只脚放到刚才的其中一个点上，画一个圆。显然，这个圆的半径刚好是地球到太阳的距离，也就是 150000000 千米。通过换算，即可得到这个圆的周长，它等于：

$2 \times \pi \times 150000000 \approx 940000000$（千米）

刚才选取的两点间的距离是 1000 千米，也就是圆上的一段弧长是 1000 千米的弧。我们知道，在圆周上的每一度对应的弧长都是圆周长的 1/360。换算得出：

$940000000 \times \dfrac{1}{360} \approx 2600000$（千米）

每一分的弧长就是这个数值的 $\dfrac{1}{60}$，约为 43000 千米，每一秒的弧长又是这个数值的 $\dfrac{1}{60}$，即 720 千米。

前面我们提到的弧长只有 1000 千米，那么它对应的角度应该是 $\dfrac{1}{720}$ 秒，就算是用精密的仪器也很难测量出这么小的角度，因此可以忽略不计。所以，在地球上看来，太阳发出的光线完全可以视为是平行的。需要指出一点，太阳照射到地球直径两端的光线之间的夹角大约是 17 秒，这个角度可以用仪器测量出来，科学家也恰恰是用这个角度计算出地球与太阳之间的距离的。

可见，倘若没有几何学的知识，我们根本无法解释前面提到的测量高度的方法。

不过，在现实中用这个方法进行测量的时候，并不容易。因为影子边缘的分界线不是很清晰，这就导致在测量影子的长度时会出现误差。太阳照射到物体上的时候，形成的影子边缘会有一个轮廓，这个轮廓呈现出的是半影，使得我们很难准确地找到影子的边缘。至于为何会产生半影，是因为太阳这个发光体太大了，光线不是从一个点上发出来的。

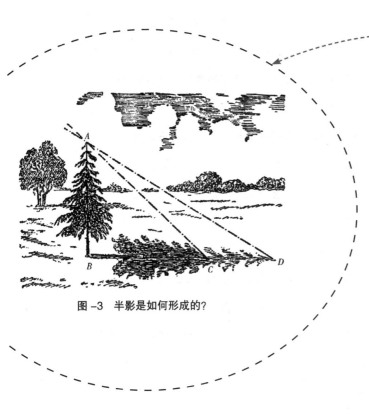

图-3 半影是如何形成的？

如图-3所示，树的影子 BC 在边缘处会多出来一段虚弱的半影 CD。实际上，半影 CD 的两端与树梢形成的夹角 CAD 与我们看向太阳直径两端形成的夹角是相等的，这个度数大约是半度。就算是在太阳的位置比较高的时候，半影依然会存在，所以此时就会产生测量误差。有时候，这个误差可能会达到 5%，甚至更多。加之地面凹凸不平等其他因素的影响，则会导致误差更大。如果在丘陵地带，这个方法是行不通的。

Chapter 1
森林中的几何学

测量大树的两个简单方法

前面我们谈到了用影子来测量物体的高度。其实，测量物体高度的方法还有很多，下面我们就介绍两种最简单的方法。

第一种方法，利用等腰直角三角形的性质来测量物体的高度。

我们需要一个简单的仪器，它很容易制作。如图-4所示，用一块木板和3个大头针就可以，在这块木板上画一个等腰直角三角形，接着把这三个大头针分别钉在三角形的顶点上。如果无法画出这个直角，不妨找一张纸，将其对折，横过来再对折一下，就得到了这个直角，且还可以用这张纸在木板上画出相等的距离，作为等腰直角三角形的两条边。就算是在野外，没有任何工具，我们也能制作出这样的一个仪器。

用这个仪器进行测量的方法很简单，让我们回顾一下测量大树高度的情

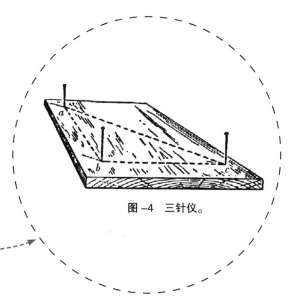

图-4 三针仪。

景。首先，用手拿着这个仪器，站到大树附近，在等腰直角三角形一条直角边顶端的大头针上拴上一条细绳，下面绑一个小石头之类的物体，让这条直角边跟细绳重合，保证直角是竖直的。然后，从刚才站立的位置向前或者向后移动，找到第一个点 A，如图-5所示。

这时，从点 A 通过大头针 a 和 c 看向大树的时候，树梢 C 刚好与这两个大头针在同一条直线上，点 C 在等腰直

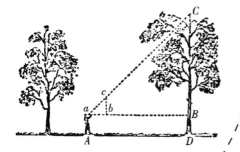

图-5 三针仪的使用方法图示。

三角形 ac 边的延长线上。此时，由于角 a 等于 45°，所以 aB 和 CB 的长度是相等的。只要测出 aB 的长度，再加上 BD，也就是眼睛到地面的距离，就能得出树的高度了。

第二种方法也很简单，甚至无须制作仪器，只借助一根细长的木杆就行了。把木杆插到地里，让它露出地面的长度刚好等于你的身高（严格来说，这个高度应当是从地面到你眼睛的高度）。如图-6 所示，仰面躺到地面上，脚跟抵住木杆的底端，使眼睛看向木杆顶端的时候，树梢刚好在这条直线的延长线上。此时，三角形 Aba 不仅是等腰三角形，还是直角三角形，所以角 A 等于 45°，AB=BC，眼睛平视到树的距离等于树的高度。

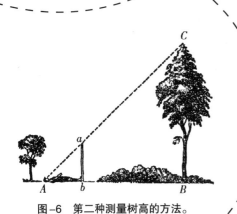

图-6 第二种测量树高的方法。

凡尔纳的测量法

在凡尔纳的小说《神秘岛》中,工程师和赫伯特之间有一段风趣的对话。

工程师对赫伯特说:"走,今天我们去测量一下瞭望塔的高度。"

"噢,那要用什么仪器呢?"

"不需要仪器。今天我们换一种方法,同样能得到准确的数值。

赫伯特是个勤奋好学的青年,他想看看工程师到底是如何测量的。只见工程师先做了一个悬锤,就是在绳子的一端拴一块石头。工程师让赫伯特拿着,然后又拿起一根长度大概有12英尺的木杆,两个人一前一后向瞭望塔走去。

来到距离瞭望塔大约500英尺的地方,工程师把木杆的一头插到土里,插下去的深度约是2英尺。接着,工程师从赫伯特手里接过悬锤,对木杆进行校正,直到木杆完全竖直,又对木杆插到土里的部分进行固定。

固定好木杆后,工程师朝着远离木杆的方向走了几步,仰面平躺在了地面上,让自己的眼睛刚好可以通过木杆的尖端看到瞭望塔的最顶端。工程师在这个点上做了一个标记,如图-7所示。

图-7 《神秘岛》中工程师采用的测量方法。

接着,工程师从地上站了起来,问赫伯特说:"你学过几何学吗?"

"嗯,学过。"

"那你知道相似三角形有什么性质吗?"

"两个相似三角形的对应边成比例关系。"

"嗯,没错。现在,我们就来找相似三角形,且是直角相似三角形。把这根木杆视为三角形的一条边,刚才标记的那个点到木杆的距离作为另一条边,我的视线作为弦,这是一个三角形。另一个三角形的两条直角边是由要测量的瞭望塔的高度和瞭望塔底部到标记点的距离,而弦也是我刚才的视线。这两个直角三角形的弦是重合的。"

听工程师说完,赫伯特惊讶地叫起来:"我知道啦,标记点到木杆的距离与它到瞭望塔的距离之比,和木杆高度与瞭望塔高度的比值是相等的。"

"没错。只要分别测量出标记点到木杆和瞭望塔的距离,就能计算出瞭望塔的高度。木杆的高度我们知道,通过刚才的比例关系,就能算出瞭望塔的高度。所以,根本不需要用尺子测量。"

接下来,两个人对那两段距离进行了测量,分别是15英尺和500英尺,并列出下面的公式:

15∶500=10∶D

$D = 500 \times 10 \div 15 \approx 333$

这就是说,瞭望塔的高度约是333英尺。需要注意的是,这里的木杆高度10英尺指的是木杆露在地面上的部分,而不是整根木杆的长度。

不靠近大树也能测树高

偶尔，我们也会遇到这样的情况：受地形或者其他因素的影响，无法抵达要测量的大树附近，这时能否测量大树的高度呢？

答案是肯定的。对于这样的情况，人们发明了另一种测量仪器，这个仪器也很容易制作。如图 -8 所示，找两根木条 ab 和 cd，把它们用钉子钉在一起，使其夹角成 90°，并使 ab 和 bc 长度相等，而 bd 则是 ab 长度的一半。这样，一个测高仪器就做好了。

测量物体高度的时候，把这个仪器拿在手里，让木条 cd 竖直。为了让它真正达到竖直的位置，可以事先在仪器上面钉一个小钉子，拴一个悬锤。然后，站在两个不同的地方点 A 和 A' 测量。

具体的方法是这样的：在点 A 测量的时候，要保证仪器的 c 端在上面；而

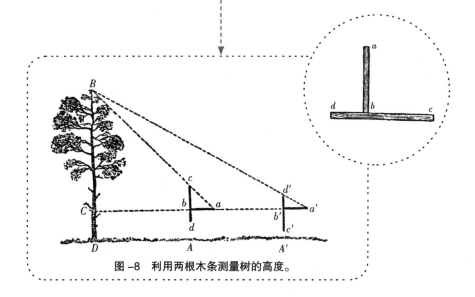

图 -8　利用两根木条测量树的高度。

在点 A' 测量的时候,要保证仪器的 d 端在上面。选择点 A 和 A' 也是有原则的:选择点 A 时,要使点 a、点 c 和树梢 B 在一条直线上,而选择点 A' 的时候,要使点 a'、d' 和树梢 B 在一条直线上。这样,树高的上半部分 BC 刚好等于 AA',这是因为:

$$aC=BC$$
$$a'C=2BC$$

所以:

$$a'C-aC=BC$$

通过上述的分析可见,用这个仪器来测量大树的高度,无须走到大树附近。当然,如果能够走到大树附近的话,也可以用这一仪器进行测量。此时,只需要找一个点 A 或者 A' 就可以了。

可能有些读者已经想到了,这个仪器还可以进一步简化:直接找一块木板,按照刚才 a、b、c、d 4 个点的位置,在上面标记出来,钉上一个钉子,就能用来测量了。

森林作业者的测量工具

森林工作者在作业的时候,经常会用测高仪来测量物体的高度。那么,他们用的测高仪是怎样制作的呢?其实,测高仪也分很多种,下面我们就来学习制作其中的一种。为了方便大家学习制作,我们稍微做了一些改动,但原理不变。

如图-9所示,这是一块方板 abcd。测量时,把这块方板拿在手里,沿 ab 边看向要测量的大树,变换木板的角度和方向,使树梢 B 正好跟 ab 边在一条直线上。从点 b 垂下一个悬锤 q,垂线与 cd 边的交点记为 n,三角形 bBC 和三角形 bnc 是相似三角形,角 bBC 等于角 bnc,由此可得:

$$BC : nc = bC : bc$$
$$BC = \frac{bC \times nc}{bc}$$

线段 bC、线段 nc 和线段 bc 的长度都可以测量出来,在求出线段 BC 的长度之后,再加上线段 CD 的长度,即可得出树的高度。

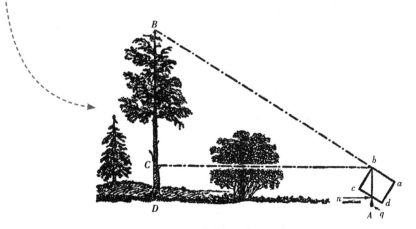

图-9 森林作业者采用的测量法。

我们再深入谈谈这个仪器。如果木条 bc 边刚好是 10 厘米，在 dc 边上标出厘米的刻度，那么 $\dfrac{nc}{bc}$ 就相当于一个十分之几的分数。也就是说，它表示树高 BC 是 bC 的十分之几。比如，从点 b 悬下的垂线刚好在 dc 边的第 7 个刻度上，就说明 BC 等于 bC 的 $\dfrac{7}{10}$。

这个仪器还可以进一步改进。如图 -10 所示，在方板的上面两个角上分别折出一个正方形，并在中间各钻一个小孔，其中一个小一点，放到眼前；另一个大一点，用来看向树梢。

这个仪器做好以后，大小跟图 -12 差不多，且方便携带，非常实用。这个仪器制作方法简单，且无须考虑美观。在郊游的时候，就能用它来测量一些建筑物或大树的高度。

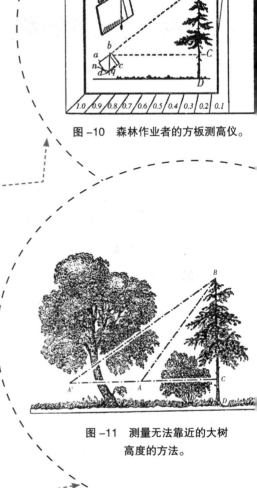

图 -10　森林作业者的方板测高仪。

图 -11　测量无法靠近的大树高度的方法。

【题目】　利用本节中的测高仪，能否测量一棵无法接近的大树的高度？如果可以，该如何测量呢？

【解答】　答案是肯定的。如图 -11 所示，在点 A 和点 A' 分别将仪器对准树梢 B。假设在点 A 的时候，$BC=0.9AC$，在点 A' 的时候，$BC=0.4AC$，即可得：

$$AC=\dfrac{BC}{0.9},\ A'C=\dfrac{BC}{0.4}$$

$$A'A=A'C-AC=\dfrac{BC}{0.4}-\dfrac{BC}{0.9}=\dfrac{25}{18}BC$$

$$BC=\dfrac{18}{25}A'A=0.72A'A$$

只要测量出点 A 和点 A' 之间的距离，再乘以 0.72，即可得出这棵无法接近的大树的高度。

利用镜子测量高度

【题目】 我们还可以利用镜子来测量树的高度,方法也很简单。

如图-12所示,把镜子放在大树前面的点C处,使点C跟大树保持一定的距离。测量时,测量者一边看着镜子,一边往后退,直至退到刚好在镜子里面看到树梢点A的位置,也就是点D。此时,树的高度AB与测量者身高ED之比,等于树根到镜子的距离BC跟镜子到测量者的距离CD之比。这是为什么呢?

【解答】 我们可以用光的反射定律来证明这一结论。如图-13所示,镜子中,树梢点A倒映在点A'处,即AB=A'B,三角形BCA'与三角形DCE相似,可知:

A'B : ED=BC : DC

把A'B用AB代替,即可得出它们的比例关系。

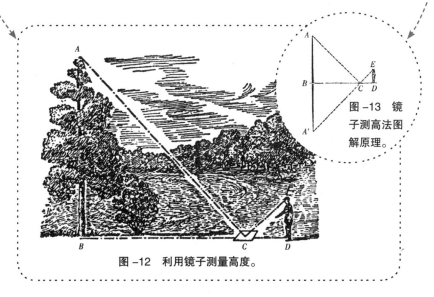

图-13 镜子测高法图解原理。

图-12 利用镜子测量高度。

这种测量大树高度的方法不受天气的限制，只要是一棵孤立的大树，都可以用这个方法。

【题目】 如果因为某种原因，我们没办法接近大树，能用镜子测量它的高度吗？

【解答】 早在500多年前，就有人提出这个问题了。数学家安东尼·德·克罗蒙士在他的著作《实用土地测量》中曾经讨论过此问题。

想解答这个问题，需要运用两次刚才提到的方法，即把镜子放在两个地方进行测量，再利用相似三角形的性质，可得出大树的高度等于测量者眼睛的高度乘以两个距离的比。这两个距离分别是，镜子在两个地方间的距离，以及测量者跟镜子间距离的差。

两棵松树之间的距离

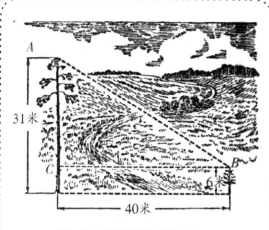

图-14 两棵松树之间的距离。

【题目】 两棵松树之间的距离是40米,其中高的一棵树是31米,矮的一棵树是6米。请计算,这两棵树的树梢之间相距多远?

【解答】 如图-14所示,根据勾股定理,两棵树树梢之间的距离是:

$$\sqrt{40^2+25^2} \approx 47 \, (米)$$

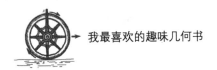

深奥的树干体积计算方法

现实生活中,我们时常要估算大树的体积是多少,一共有多少立方米的木材?大树有多重,要用什么方法把它运走,需要大车还是小车?这两个问题可比测量大树的高度难多了。直到现在,也没有找到一种好办法,对这两个问题进行精确地计算。就算是一棵已经砍倒在地的树干,我们也很难计算出它精确的体积数值,只能得到一个近似值。

这是因为,就算是一段非常平整、没有任何凹凸的树干,也无法像圆柱体或者圆锥体那样用公式计算出体积来。众所周知,树干的形状不是圆柱体,也不是圆锥体,而是上端细、下端粗。要想得到树干精确的体积,只能利用积分来计算。

有人可能会说,这太小题大做了吧?如此简单的一个问题,还要用到高等数学的知识?是的,在我们的日常生活中,很多现象都得用高等数学才能解释清楚。我们可以用初等几何学的知识精确计算出某个恒星或者行星的体积,可要计算一段木材的体积或是一个啤酒桶的容积,仅仅用初等几何的知识就不够了,必须要用到解析几何和积分运算。在这本书里,我们不会涉及有关高等数学的知识,虽然无法得到树干的精确体积,但我们能估计出一个大概的数值。

在计算的时候,我们依照树干的形状,将其近似成圆台或者圆锥。如果树干的形状比较尖,也就是跟树梢连在一起,我们可以将其视为一个圆锥;如果树干是大树下面的一段,就将其视为一个圆台;如果树干比较短,就可以将其视为一个圆柱体。这样的话,我们就能很容易地运用初等几何学中的知识来计算。

说到这里,可能你会问:有没有一种方法或是一个通用的公式,对树干的体积进行计算呢?如果有的话,直接利用这个公式进行计算,就方便太多了,根本无须考虑树干的形状,管它是圆柱、圆锥,还是圆台呢!

万能公式

继续前面的问题,答案是肯定的,真的存在这样的万能公式!这个万能公式的适用范围很广,不仅局限于圆台、圆柱和圆锥,对棱台、棱柱和棱锥也适用。这个公式叫作辛普森公式,下面是这个公式的表达式:

$$V = \frac{h}{6}(b_1 + 4b_2 + b_3)$$

其中,h 是几何体的高度,b_1 是下底面的面积,b_2 是中间截面的面积,$b3$ 是上底面的面积。

【题目】 证明辛普森公式适用于棱台、棱柱、棱锥、圆台、圆柱、圆锥和球体。

【解答】 只要分别利用这个公式来求解一下图-15 所示的几何体的体积就可以了。

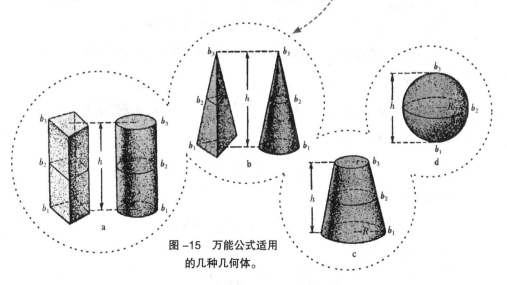

图-15 万能公式适用的几种几何体。

如果是圆柱或棱柱（如图-17，a），有：
$$V=\frac{h}{6}(b_1+4b_2+b_3)=b_1h$$

如果是圆锥或棱锥（如图17，b），有：
$$V=\frac{h}{6}(b_1+4b_2+0)=\frac{b_1h}{3}$$

如果是圆台（如图17，c），有：
$$V=\frac{h}{6}\left[R^2+4\left(\frac{R+r}{10}\right)^2+r^2\right]$$
$$=\frac{h}{6}(R^2+R^2+2Rr+r^2+r^2)$$
$$=\frac{h}{6}(R^2+Rr+r^2)$$

如果是棱台，也可以计算出来。如果是球体（如图17，d），有：
$$V=\frac{2R}{6}(0+4R^2+0)=\frac{4}{3}R^3$$

【题目】 万能公式还有一个特点，它还可以用来计算平面图形的面积。比如，平行四边形、梯形、三角形等，但需要把公式中字母的含义稍稍做一下修改：
$$S=\frac{h}{6}(b_1+4b_2+b_3)$$

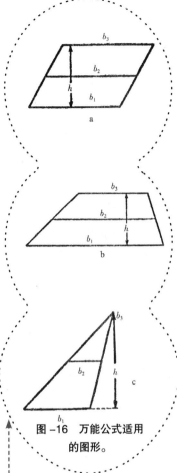

图-16 万能公式适用的图形。

其中，h 仍代表高度，b_1 是下底边的长，b_2 是中间线的长，b_3 是上底边的长。如何证明呢？

【解答】 把公式分别用于三角形、平行四边形、梯形，如图-16所示。

如果是平行四边形，有：
$$S=\frac{h}{6}(b_1+4b_1+b_1)=b_1h$$

如果是梯形，有：
$$S=\frac{h}{6}\left(b^1+4\frac{b_1+b_3}{2}+b^3\right)=\frac{h}{2}(b^1+b^3)$$

如果是三角形，有：
$$S=\frac{h}{6}\left(b^1+4\times\frac{b_1}{2}+0\right)=\frac{b_1h}{2}$$

可见，这个万能公式真的是"万能"呢！

如何测量生长中的大树的体积和质量

通过前面的分析，我们知道确实有万能公式存在，它可以计算出任意形状的树干体积的近似值，无论树干的形状是类似圆台、圆柱，还是圆锥。但是，在计算之前，我们必须要先测量出几个数值：树干的长度、上端面的面积、下端面的面积以及中间截面的面积。

上端面的面积和下端面的面积很容易计算，可要测量中间截面的面积，就需要借助一个特殊的设备，即量径尺，如图-17和图-18所示。如果没有这个设备，也可以测量出中间部分圆周的长度，再利用圆周长公式计算出对应位置树干的半径，继而计算出其面积，过程复杂一些。

得到上述的4个数值后，代入万能

图-17 测量树的直径的量径尺。

图-18 量径尺（左）与向分尺（右）。

公式，即可得出树干体积的近似值。在实际应用中，有这个近似值就足够了。倘若把树干视为一个圆柱体，以其中间部分的半径作为这个圆柱底面的半径，计算起来就更简单了。只是，比起万能公式来，这样计算出来的数值误差稍大。通常来说，误差值在12%左右。如果树干很长，我们还可以对树干进行分段计算，将每一段都视为一个圆柱体，单独计算每个圆柱体的体积，最后再相加，得出树干的体积。用这样的方法，段分得越多，误差越小。此时，误差可能只有2%～3%，已经跟准确值很接近了。

上面讲的树干体积的计算方法，是对于砍伐的大树而言的。倘若大树还在生长中，这个计算方法就不适用了。此时，如果没有办法爬到树上，就只能测量大树底部的数值，并根据这个数值得出一个大概的近似值了。现实中，很多森林作业者就是这样做的。

不过，森林作业者有一样工具，那就是体积系数表。依照这个表格，他们能便捷地估计出大树树干的体积。表上的数字表示：如果能够测量出树干底部以上130厘米处（齐胸高度）的直径，那么根据这个直径的大小，就能够估算出要测量树干的体积。具体的方法是这样的：

以刚才的直径和树干的高度为圆柱体的直径和高度，算出这个圆柱体的体积，那么要测量的树干体积就等于这个圆柱体体积的百分之几，如图-19所示。需要注意的是，对于不同种类、不同高度的树木，表中对应的数字也不一样，这是因为不同种类的树，其树干形状有所区别，虽然差距不算太大，以松树和柏树为例，其对应的数字基本上都在0.5左右，相差并不大。

图-19 测量生长中的大树的体积。

前面我们已经说过,根据这个方法算出的数值只是一个近似值,如果跟实际体积相比较,其误差一般为2%~10%。讨论完估算树干的体积,接下来我们来估算一下树干的质量。

有了树干的体积之后,只要知道每立方米树干的质量,就能计算出它的质量。以柏树或松树为例:每立方米的质量大概是650千克。如果有一棵柏树,高度为28米,地上130厘米处的树径是120厘米,那么这棵柏树的截面积大概是1100平方厘米,也就是0.11平方米。由此可知,它的体积大概就是$\frac{1}{2} \times 0.11 \times 28 \approx 1.5$立方米,它的质量大概是$650 \times 1.5 \approx 1000$千克,也就是1吨。

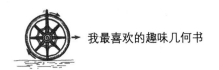

树叶几何学

【题目】 一棵小白杨树依着一棵高大的白杨树的根生长,摘下小树上的一片树叶,我们会发现,这片树叶比那棵大树上的树叶大很多。如果这棵小树一直在背阴的地方生长,差别会更大。这是因为,小树在背阴处生长,不得不依靠增大与阳光的接触面积来弥补光照的不足。你可能会说,这些都是植物学家要研究的问题。其实,运用几何知识,我们能够计算出,小树的树叶到底比大树的树叶大多少?你知道该怎么做呢?

【解答】 大家都知道,对于同一种类树木而言,树叶的形状基本相同,有时甚至几乎完全相同,只是大小存在差别而已。从几何学的角度来说,它们的轮廓是相似的。根据几何学的知识可知,如果两个图形是相似的,它们的面积之比应该等于这两个图形的直线尺寸之比的平方。所以,只要我们测量出两片叶子的长度或宽度,就能算出这两片叶子的面积关系。如果小树叶子的长度是15厘米,而大树叶子是4厘米,那么两片叶子的面积之比就是 $(15 \div 4)^2 \approx 14$。也就是说,小树叶子的面积大概是大树叶子的14倍。

还有一个方法,也能得到这两片叶子面积的比例关系:找一张透明的标有方格的纸,把纸压在树叶的上面,分别画出两片树叶的轮廓,根据画出来的树叶轮廓所包含的方格数量,算出两片树叶的面积关系。这个方法比前面的方法更精确,只是烦琐一些。当两片叶子的形状差别比较大,前面的方法就不适用了,而这个方法就突显了它的优势。

【题目】 一株蒲公英长在阴影中,其叶子的长度是31厘米;另一株长在阳光下,其叶子的长度是3.3厘米。这两株蒲公关的叶子的面积关系是怎样的呢?

【解答】 根据前面的方法，我们可以得出，阴影中的蒲公英的叶子与阳光下的蒲公英的叶子的面积之比是：$(31 \div 3.3)^2 \approx 90$。也就是说，前者的面积大概是后者的90倍。

在树林里，我们时常会看到一些形状相似但大小不一的叶子，肉眼看起来，它们的大小差别不是很大，可如果从几何学的角度来看，它们的面积却有很大的差别。

有两片形状相似、大小却不相同的叶子，其中一片的长度比另一片大20%，那么它们的面积之比就是 $(1.2 \div 1)^2 \approx 1.4$，也就是说，两者在面积上的差别达到了40%。如果它们的长度差别是40%，那么两者的面积之比就是 $(1.4 \div 1)^2 \approx 2$，也就是说，两者的差别有2倍呢！

【题目】 如图-20和图-21所示，你能把每片叶子面积的比例关系计算出来吗？

图-20 计算这几片叶子的面积比例。

图-21 计算这几片叶子的面积比例。

六条腿的大力士

蚂蚁的力量是很强大的，可以背着比自己体重大很多的物体前行，如图-22所示，且动作还很敏捷。在观察蚂蚁的时候，我们经常对它的力量感到震惊，也不仅会产生疑问：蚂蚁这么小，怎么会有这么大的力量呢？它背上的重物比它自身的质量大10倍甚至更多，可它们看起来似乎并不吃力。倘若换成人类，背着相当于自身体重10倍的重物，早就被压趴下了，更不用说走动了。从图-24右边的图上，我们可以看出，要想背着一架钢琴爬梯子是不可能的。那我们是不是可以说，蚂蚁比人类强壮得多呢？

这个问题可没有想象中那么简单，还需要借助几何知识才能解释清楚。下面，我们先来了解一些关于肌肉力量的知识，再来讨论这个问题。

从某种意义上说，肌肉和有弹性的韧带有很多相似之处。但是，肌肉的收缩不是因为弹性，而是其他原因导致的，且肌肉会因为神经的刺激而恢复原状。在生物学实验中，有人试过把电流通到肌肉上，或者通到相关的神经上，也可以让肌肉收缩。

冷血动物有一个特点，就算已经被杀死，它们的肌肉依然可以存活一定的时间。为此，我们可以从刚杀死的青蛙身上取下一块肌肉，来做一下这个实验。

通常，我们都是取青蛙后腿上的腿肚肌，这块肌肉是跟腿上面的一块腿骨和肌腱连在一起的，可以连同这两部分

图-22 六条腿的大力士。

一起取下来。在做这样的实验时，这块肌肉的大小和形状都非常有代表性。

肌肉取下来后，把大腿骨挂起来，在肌腱上挂一个钩子，在钩子上挂一个砝码。然后，在肌肉的两端分别接上一根电线。在接通电源的瞬间，你会发现，肌肉立刻收缩并把钩子上的砝码上提。我们可以继续增大砝码的质量，来测量这块肌肉最大的拉力到底有多少？如果把好几条这样的肌肉首尾相连，我们会发现这样一个现象：肌肉的条数越多，砝码上提的高度也会相应地提到一条肌肉时的几倍。但是，这并无法使肌肉的拉力变大。

接着，我们还可以把几条这样的肌肉捆到一起，继续做这个实验。你会发现，这时候，捆到一起的肌肉会提起跟肌肉的条数相对应倍数的砝码来。

由此，我们可以得出结论：如果这些肌肉生长在一起的话，它们也会有同样的性质。这就是说，肌肉拉力的大小与肌肉的长度和质量无关，而是由肌肉的粗细决定的，或者说，是由肌肉横截面的面积决定的。

我们再深入分析一下：如果两只动物构造相同，形状也相似，只是大小不同，且大动物的直线尺寸是小动物的2倍，那么根据前面提到的几何学知识，我们可以得出：大动物的体积和体重就是小动物的2^3=8倍，而且各个器官的体积和质量也有这样的关系。如果计算面积，如刚才提到的肌肉的横截面，它们的比例关系就是2^2=4，大动物肌肉的横截面的面积是小动物的4倍。

为此，我们可以得到这样的结论：如果一个动物的身体长大到原先的2倍，那么它的体积和质量都会增大到原来的8倍，但是它的肌肉的力量却只有原来的4倍，而不是8倍。也就是说，跟体重相比，它的体力并没有增长同样的幅度，而是一半。同样的道理，如果两个动物的长度之比是3∶1，那么，它们的体积和质量就是3^3=27倍的关系，而体力却只增大了3^2=9倍，相比增大的体积和质量来说，体力增大的幅度只是$\frac{1}{3}$。

这就不难解释为什么蚂蚁能够背得动比自身重得多的物体了，因为跟肌肉的力量相比，动物的体积和质量并不是同比例变化的。蚂蚁和黄蜂可以背起其体重的30～40倍的物体，而人类，就算是运动员,也只能背起体重的$\frac{9}{10}$;马则更少一些,大概只有体重的$\frac{7}{10}$。

克雷洛夫曾经写过一首诗,生动地刻画了"蚂蚁勇士"的丰功伟绩:

有这样一只蚂蚁,

它的力量大得惊人,

我还从来没有见过这样大的力气,它甚至可以举起两个大麦粒!

经过上述的分析,我们可知,诗中所描写的这一景象,是有一定的几何学原理的。

Chapter 2 河槽几何学

不渡河测量河宽的方法

前面我们讲到，不用爬到树上就能测量出大树的高度。那么，换一种情况：假如有一条河，不渡过河去，是不是也能测出它的宽度呢？从几何学的原理上来说，是可以的。我们可以采用跟测量大树一样的方法，构造几何图形，用其他可以测量的距离来计算出河的宽度。

其实，这样的方法有很多。下面，我们就介绍几种比较简单的方法。

方法 1：三针仪测距法。

在这个方法里，我们要用到如图-23所示的三针仪。这个仪器简单易做，在一块木板上画一个等腰直角三角形，分别在 3 个顶点上钉上一个大头针就行了。

图-23 三针仪测距法。

如图-24所示，我们站在河岸的点 B 上，要测量河的宽度，也就是 AB 的长度。下面开始测量。

首先，我们站到河岸上的点 C 处，把三针仪放在眼睛的前面，闭上一只眼睛，用另一只睁开的眼睛看向 BA，使这两个点刚好跟三针仪上的 a、b 两点在一条直线上。这时，我们的站立点刚好在 AB 延长线上。

其次，保持三针仪位置不动，用眼睛看向 b、c 两点的方向，找到点 D，D 点正好被大头针 b、c 挡住。这时，线段 DC 跟线段 AB 是垂直的。

再次，我们在 C 点上钉一个小木桩，带着三针仪沿着线 CD 走到点 E，如图-25所示，使大头针 b 正好挡住 C 点的木桩，大头针 a 正好挡住点 A。这样，我们就得到了一个三角形 ACE，角 C 是直角，角 E 等于角 A，都是 $45°$，因此，AC 等于 CE。

只要测量出 CE 的距离，就得到了 AC 的长度，然后再减去 BC，就可以得出河的宽度 AB 了。

在实际测量的过程中，我们很难保证三针仪静止不动，因此可能会有较大

图-24 用三针仪确定第一个位置。

图-25 用三针仪确定第二个位置。

的误差。最好的办法是，把三针仪水平固定在一根木杆的上端，再把木杆底端插到地里。

我最喜欢的趣味几何书

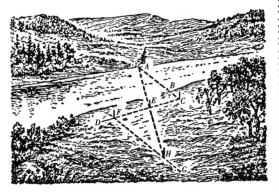

图-26 全等三角形测距法。

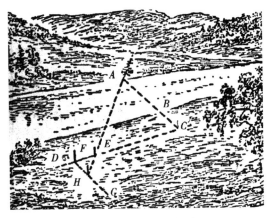

图-27 相似三角形测距法。

方法2：全等三角形测距法。

这种方法跟第1种方法相似。

首先，在 AB 的延长线上找到点 C，接着站到点 C 处，在点 C 找出垂直于 AC 的直线 CD。这里所用的方法跟前面一样，但后面就不同了。

其次，如图-26所示，在直线 CD 上，随便找一个点 F，把 CF 的正中间位置标记为点 E。很明显，CE 等于 EF，分别在点 E 和点 F 处插上一个小木桩。

最后，利用全等三角形的性质，即可得出：$FH=CA$。然后，从线段 FH 中减去线段 BC 的长度，就得到了河的宽度 AB。

和第1种方法相比，这种方法的适用范围更广。如果地形允许的话，可以分别用这两种方法进行测量，以检验测量结果的准确性。

方法3：相似三角形测距法。

我们可以对方法2进行一些改进。在直线 CD 上，不是找出相等的两段，而是找出另外一个点 E，它要满足这样的关系：$CE=4EF$。也就是说，CE 的长度是 EF 长度的4倍，如图-27所示。

后面的计算方法跟前面一样，沿直线 FC 的垂线方向 EG 找出点 H，使得从这一点看向点 E 的时候，刚好挡住点 A。不过，这里的 FH 不等于 AC，而是 AC 的 $\frac{1}{4}$。因为图中的三角形 ACE 和 EFH 是相似三角形，不是全等三角形了。利用下面的比例关系：

$AC : HF = CE : FE = 4 : 1$

即可求出线段 FH 的长度，乘以4就是 AC 的长度，再减去线段 BC 的长度，就能得到河的宽度 AB。相比于第2种方法，这种方法的优点在于，不需要太大的地方就可以完成测量，并计算出河的宽度。

方法4：直角三角形测距法。

这种方法利用了直角三角形的性质：如果一个直角三角形有一个锐角是30°，那么跟这个锐角相对的一条直角边的长度正好等于这个直角三角形斜边的一半。下面，我们就来证明这一性质。

如图-28所示，直角三角形 ABC 的角 B 等于30°，AB 是这个三角形的斜边，AC 和 BC 分别是三角形的两条直角边。从图中可见，如果我们以 BC 为轴，把三角形 ABC 转到另一边，就会形成一个新的三角形 ABD。由于点 C 两边的两个角都是直角，所以点 A、C、D 在一条直线上。很明显，在三角形 ABD 中，角 A 等于60°，角 ABD 是由两个30°的角合在一起的，因而也是60°。由等腰三角形的性质，我们可得：$AD=BD=AB$，而 $AD=2AC$。反过来，$AC=\frac{1}{2}AD$，$AC=\frac{1}{2}AB$。

了解了这个性质，我们就能用它来测量河的宽度了。这里，我们需要用到一个特殊的三针仪。在这个三针仪上，三角形不是等腰直角三角形，而是像图-30中的三角形 ABC 一样，其中的一个直角边长

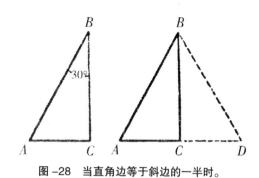

图-28 当直角边等于斜边的一半时。

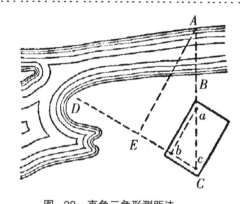

图-29 直角三角形测距法。

度等于斜边的一半，如图-29所示。

制作好这样的三针仪后，我们带着它来到图中的点 C 处，使 AC 方向正好跟三针仪上的斜边重合。朝着三角形较短的一条直角边望过去，找出 CD 的方向。利用三针仪，在 CD 上找出点 E，使 EA 的方向正好垂直于 CD。那么，30°角对应的直角边 EC 就等于 AC 的 $\frac{1}{2}$。因此，只要测量出 CE 的长度，再乘以2，然后减去 BC，就得出河面的宽度 AB 了。

帽檐测距法

相传，在一次战争中，有个部队要到一条河的对岸去，就派了一个班去测量河的宽度，看看能不能渡过去。当时，他们利用帽檐测出了河的宽度，帮助部队成功渡过了这条河。

战士们跟随班长来到河边，隐藏在灌木丛中。在其他人的掩护下，班长带着一个人悄悄爬到了河边，他们能够清楚地看到对面敌人的一举一动。在这样的情况下，他们用眼睛目测河的宽度大概是 100～110 米。为了验证目测的结果是否准确，班长利用帽檐，重新测量了一下河的宽度。具体的测量距离的方法是这样的：

如图 –30 所示，按照图中的样子戴上帽子，眼睛从帽檐的底边看向河的对岸。在没有帽子的情况下，用手掌或者记事本贴在额头上代替帽檐也可以。接着，整个身体向左转或者向右转。转动的时候，保证头部的位置不动。在新的方向上，找到能看到的最远的那一点。从最远的这一点到测量者的站立点的距离，就是河的宽度。一般来说，转动的方向受地势的平坦程度影响，所以要尽量找一个平坦的方向，这样便于接下来的实地测量。

当时，班长就是利用了这一方法。他当时没有戴帽子，就用了一个记事本代替。班长从灌木丛中迅速跳出来，用记事本挡在额头上，望到了河的对岸，

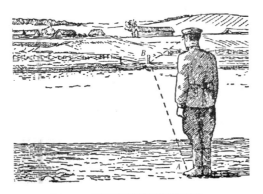

图 –30 利用帽檐测量河的宽度。

然后迅速转身，找到最远的那个点，并快速趴下，跟另一个战士匍匐着爬到了最远的那个点上，用绳子量了一下到刚才站立点的距离，结果是105米。班长验证了自己的判断，成功完成了任务，并把这一结果报告给了上级领导。

【题目】 请利用几何学知识，解释一下帽檐法测距的基本原理。

【解答】 在图-32中，这个人的站立点是A，当他从帽檐或者记事本的边缘向远方望去的时候，看到的是河对岸的一点B；当他转身之后，看向远处的另一点C，就像是以这个人为圆心画了一个圆弧。因此，AB和AC都是这个圆的半径，它们是相等的。

小岛有多长

图-31 测量小岛的长度。

【题目】 如图-31所示，这条河中有一座小岛，如果不到达小岛边上，如何测量出小岛的长度？比起前面测量河的宽度的问题，这个问题有点儿复杂，因为小岛的两边都不可以靠近。不过，这个问题还是可以解决的，而且解决的方法也不复杂。

【解答】 假设我们在岸上，小岛的长度是 AB，如图-32所示。

首先，我们在岸上选择两个点，分别是点 P 和点 Q，在这两个点上分别钉上一个木桩。其次，利用三针仪，在它们的连线上找出两个点 M 和 N，使 AM 和 BN 都垂直于 PQ，再于 MN 的中点 O 上钉一个木桩。再次，在 AM 的延长线上找到点 C，使得从这一点看向点 O 的时候正好挡住点 B。同样的方法，在 BN 的延长线上找到点 D。那么，CD 的长度正好等于小岛的长度 AB。

这一结论很容易证明。三角形 AMO 和三角形 DNO 都是直角三角形，MO=NO，∠AOM=∠DON，所以这是两个全等三角形，AO=DO。同理可得 BO=CO，所以三角形 ABO 和三角形 DCO 也是全等三角形，所以 CD=BA。

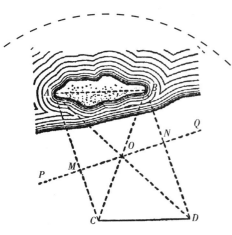

图-32 全等直角三角形测距法。

对岸的路人有多远

【题目】 在河的对岸,有一个人在行走,你在河的这一边可以清楚地看到他走路的样子。那么,在不借助仪器的情况下,是否能在河的这边测量出你和他之间的近似距离呢?

【解答】 其实,要解答这个问题,根本无须借助仪器,只要用到眼睛和手就够了。朝着对岸的人伸出你的手臂,如果对岸的那个人朝你右手的方向走,就闭上左眼用右眼看;如果他朝你左手的方向走,就闭上右眼用左眼看。如图-33所示,绕过竖起来的大拇指看过去。当对岸的人正好被你的大拇指挡住的时候,马上把两只眼睛的状态交替一下,也就是把睁着的眼睛闭上,把闭着的眼睛睁开,那么对岸的人就好像后退了一段一样。此时,数一下那个人走到刚才你看到他的位置时走过的步数。

图-33 测量对岸的路人有多远。

接着，用这些步数估计出他走过的距离，再利用他走过的距离计算出他和你之间的距离。

我们假设点 a 和点 b 是两只眼睛，点 M 是竖起的拇指顶端，点 A 是对岸行人的初始位置，点 B 是他后来的位置。那么，三角形 abM 和三角形 ABM 是相似三角形。所以，BM：bM=AB：ab。这个比例式中，只有 BM 是未知的，其他的数值都可以测量出来。bM 等于手臂的长度，ab 是两个眼睛之间的距离，AB 可以通过对对岸行人所走的步数估算出来。所以，你跟对岸行人的距离就是：

$$BM = AB \times \frac{bM}{ab}$$

假设两只眼睛之间的距离 ab 是 6 厘米，手臂的长度 bM 是 60 厘米，对岸行人从点 A 走到点 B 一共走了 14 步，每一步 0.75 米，那么你跟他的距离就是：

$$BM = 14 \times \frac{60}{6} = 140（步）= 105（米）$$

最好的办法是，提前测量出我们两只眼睛的距离和手臂的长度（眼睛到竖起的手指之间的距离），并计算出它们的比值。这样，我们就能随时测量那些无法接近的物体的距离了，且计算速度会很快，只要用 AB 乘以这个比值就可以了。

通常来说，普通人的这一比值都是 10 左右。要想运用这个方法，最关键的是知道 AB 的距离。

在这个例子当中，我们是利用了行人走过的步数。如果换成其他的情况，我们还能利用一些别的方法。比如，要测量一列客车跟自己的距离，就可以利用车厢的长度来计算。通常，车厢的长度是 8 米左右。如果测量的是一座房子，可以根据窗子的宽度或者墙上砖块的长度等计算出来。

刚才提到的这个方法，不仅可以用来测量距离，在知道距离的情况下，还能用来计算远方物体的大小。

最简易的测远仪

图-34 火柴测远仪。

我们来介绍一种简单实用的仪器，它叫"测远仪"的仪器。如图-34所示，制作这样一个仪器，只需要在一根火柴的一边涂上毫米的刻度就可以了。当然，如果想让它看起来更醒目一些，可以把它涂成黑白相间的颜色。

需要注意的是，在使用这个仪器的时候，需要事先知道被测物体的大小，只有这样才能测量出它与你的距离，如图-35所示。其实，在使用其他一些比较高端的测远仪时，也需要知道物体的大小。那么，这个仪器到底是怎么用的呢？下面，我们就来讲解一下。

假设远方有一个人，你想测量出他和你之间相距多远，此时火柴测远仪就派上用场了。把测远仪竖直拿在手中，伸直这条手臂，用一只眼睛看向那个人，使火柴顶端正好跟那个人的头顶重合在一起，然后固定住测远仪，在上面找到那个人的脚对应的点，记下这个地方的刻度。这个时候，我们就能利用这个刻度值来计算他和你之间的距离了。

下面的式子就是计算这段距离的公式：

$$\frac{待测量的距离}{眼睛跟火柴的距离} = \frac{人的平均身高}{火柴上的刻度}$$

证明这一等式成立也很容易，这里我们不再赘述。举例来说，假设火柴到眼睛的距离是60厘米，人的平均身高

图-35 用火柴测远仪测算远处物体的距离。

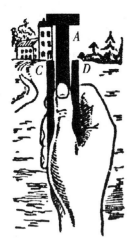

图-36 测远仪的使用。

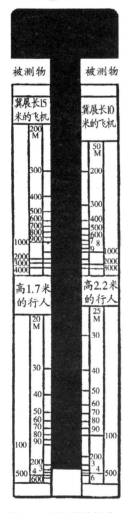

图-37 测远仪的构造。

为170厘米，从火柴上读出的刻度值是12毫米，那么此人与你之间的距离就是：

$$60 \times \frac{1700}{12} = 8500（厘米）= 85（米）$$

对于这一仪器的可靠性，我们可以用下面的方法来验证：找一个人，测量出他的身高，然后让他离你远一些，用仪器测量他离你有多远，跟他离开你的步数对比一下，就能知道仪器是否真的准确。用这个方法，也可以练习一下仪器的使用技巧。

同理，我们还可以用这个仪器测量出远处骑在马上的人离你有多远。通常来说，人骑在马上的时候，他的高度大约是2.2米。如果换成骑在自行车上的人，也可以测量车轮距离你有多远。通常车轮的直径是75厘米。如果是电线杆的话，其高度大约是8米，电线杆上相邻的两个绝缘体之间的距离通常是90厘米。用这个方法可以测量火车、房屋等与你的距离，以及它们的大小。下次旅行的时候，你不妨试试看。

这种测远仪制作起来并不难，如果你擅长做手工，且足够耐心，完全可以制作得很完美。这时，你就可以用它进行测量了，图-36和图-37就是这种仪器的构造图。

把待测量的物体放到A的空隙中。这个空隙A的大小可通过推动中间的一条杆来调整改变。这个空隙的长短是从C、D上的标度读出来的。测量时为了避免麻烦，可以事先在C板上写出一些距离的数值。在此，我们假设测量的是人，仪器到眼睛的距离等于伸直的手臂长度。在D板的右面，写出测量骑马的人的一些距离。我们可以假设骑马的人的高度是2.2米。另外，还可以在C和D的空白处写上一些其他的距离，如高为 8 米的电线杆和翼展为 15 米的飞机，等等。这样，我们就可以得到图 -39 所示的测远仪了。

有一点需要说明，用这种仪器测量出来的数值并不是很准确，只能算是估值，不能称为测量。在前面的例子中，测出来人的距离是 85 米，如果火柴上刻度的误差是 1 毫米，距离上就会相差大约 $85 \times \dfrac{1}{12}$，即 7 米。如果这个人的距离是刚才的 4 倍，那么我们在火柴上看到的刻度差只有 3 毫米，而不是 12 毫米。也就是说，火柴上刻度的误差如果是 $\dfrac{1}{2}$ 毫米，最后算出的结果就会相差 57 米。所以，只有在比较近的时候，用这个仪器才比较准确，如果距离较远，误差就会很大，测量对象必须另选一个高大的物体才行。

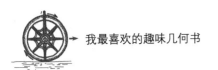

小河蕴含着巨大能量

一般情况下,我们把长度小于100千米的河流都称为小河。俄国有很多这样的小河,有人统计过,大约有43000多条。倘若把这些小河首尾连起来,长度可达130万千米。要知道,赤道的长度也不过是4万千米,这个长度足以绕赤道30多圈。

这么多小河,虽然缓慢地流淌着,但其实它们蕴含着巨大的能量。这些巨大的能量,如果能够加以利用的话,就能为附近的村庄提供电力等能源。要想把水流变成电力,需要在河上建一座水力发电站,而建水力发电站,需要做很多前期准备工作。借助前面讲过的知识,我们可以收集一些数据。

在建造水力发电站之前,必须要先知道河流的宽度、河中水流的速度、河床横截面的面积,以及河岸可以容纳多高的水位,等等。所有这些数据都可以用一些简单的仪器测量出来,而这些看似深奥的东西,利用最简单的几何学知识就能得到。下面,我们就来分析一下。

我们从专家那里获得了一些从实践中摸索出来的经验:

在选择拦河坝位置时,要根据水力发电站的大小选择相应的位置。要建一座15～20千瓦的小型电站,就应该建在距离城镇大约5千米的地方。同时,拦河坝不能建在距离河源太远或者太近的地方,通常要选择在距离河源10～15千米以上,20～40千米以下的地方。如果距离河源太近,水量会比较少,水位高度很难发出足够的电力;如果距离太远,河面就会比较宽,拦河坝的建造费用就会明显增加。我们在选择拦河坝的位置时,还应该考虑到河水的深度,如果河水太深,就不得不考虑拦河坝的承重问题,势必会增加大量的建设费用。

测一测水流的速度

在高耸的白桦林边，
流淌着一条小河，
就像一条白色带子，
另一边，是一座小村庄。

——阿·费特

在一条小河中，每天的水流量有多少？要想计算出每天的水流量，必须先知道水流的速度。这并不难测量，只是需要两个人配合才能进行，且需要一只秒表。如图-38所示，选择一段较直的河面，预先在河岸选择两个位置 A 和 B，假设它们之间相距 10 米。接着在离河岸较远的地方，再选择两个点 C 和 D，使 AC 和 BD 都垂直于 AB。一个人拿着秒表，另一个人拿一个浮标，没有浮标的话用一个空瓶子也行。走到点 A 的上游

图-38 测量河水流速。

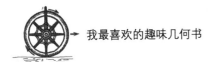

某处，把浮标扔到河中，然后迅速跑到点 C 的后面。另一个人站到点 D 的后面，并同时沿着 CA 和 DB 的方向看向河面。当浮标漂到 CA 的延长线上时，站在点 C 后面的人抬起手臂，发出计时的信号，另一个人开始计时，等浮标漂到 DB 的延长线上时，记下经过的时间。这样，就能计算出水流的速度了。

假设浮标漂过这段距离的时间为 20 秒，那么水流的速度就是：

$$\frac{10}{20}=0.5（米/秒）$$

为了保证测量结果的准确性，这样的测量通常要进行 10 次，且不停地变换测量的地点，把浮标扔到不同的河段中。根据测量的数据，计算出每一次的水流速度，把这些结果相加，除以重复的次数，得出水流的平均速度。

通常，深层的水流比较慢，河流的整体水流速度约是河流表面水流速度的 $\frac{4}{5}$，所以在刚才的这条河流中，整体的水流速度是 0.4 米/秒。

在测量河流表面的水流速度时，也可以运用下面的方法。只不过，这种方法与上面的方法相比，精确性要差一些。

坐在一条小船上，沿着逆流的方向划，大约在 1000 米的地方掉头，再沿着顺流的方向划回去。在两个方向上，尽量用同样的力量来划船。假设逆流划船的时候所用的时间是 18 分钟，顺流的时候是 6 分钟，就可以用下面的方程来计算出水流的速度。

在这里，x 表示水流的速度，y 表示水流不动时划船的速度。

$$\begin{cases}\frac{1000}{y-x}=18\\\frac{1000}{y+x}=6\end{cases}$$

$$\begin{cases}y+x=\frac{1000}{6}\\y-x=\frac{1000}{18}\end{cases}$$

$$x\approx 55（米）$$

也就是说，水流每分钟的速度约为 55 米，相当于每秒钟 5/6 米。

Chapter 2
河畔几何学

河水的流量有多大

借助前面的两种方法,我们能够计算出水流的速度,但这只是第一步。要想计算出水的流量,还得知道水流横截面的面积。那么,如何计算横截面的面积呢?这就需要知道横截面形状,我们可以用下面的方法来计算。

方法 1:划船标竿法。

找一个能够测量出河面宽度的地方,在紧贴河面的两个岸边,分别钉两个小木桩作为标记,接着,跟另一个人乘坐一条小船,从其中一个标记向另一个标记划船。在划船的过程中,尽量让小船始终沿着两个标记间的直线前进。如果你们的划船技术不太好的话,可以找另一个人在对岸,时刻盯着小船,随时调整小船行进的方向。尤其是在水流比较急的地方,就算是划船的行家,也是很难把握好方向的。

在划船的过程中,记得数一下划桨的次数。当划到对岸的时候,记下划桨的总次数。通过这个数值可以计算出小船行进10米的距离需要划几次桨。然后,掉头划回去。这时,要带上一根长的竹竿,事先在竹竿上标记上刻度,按照刚才计算出来的划桨次数,在每划这么多次桨的地方,把竹竿插到水中,记下每一次的刻度,即水的深度。

对于比较小的河流,这个方法方便又实用。如果是河流的河面比较宽,且水比较深,就得选择另外的测量方法,或是请专家来帮忙了。

方法 2:拉绳标竿法。

如果要测量的是一条狭小的河,水也不深,就可以用下面的方法,且不需要划船。

在前面标记的两个小木桩之间拉一条绳子,这条绳子要跟水流的方向垂直。拉绳子之前,事先在绳子上做一些标记,每个标记间的距离是1米或2米，然后在每个标记处插一根竹竿到河底，测量出每个标记点上的水深。

根据测得的水深数据，在方格纸上画出河流的横截面，如图-39所示。这样，我们得到了河流的横截面图，就可以很容易计算出它的面积。在中间的部分，我们可以将其视为由多个梯形组成的，而两边的部分可以视为是两个三角形，两者的面积相加就是河流的截面积。需要注意的是，如果图的比例尺是1∶100，图形上的数据单位是厘米，那么计算出来的数值就正好是用平方米表示的截面积。

现在，我们得到了水流的速度以及河流横截面的面积，接下来就可以计算出河流的流量了。在河流的横截面上，每秒流过的水量等于以河流的横截面作为底面、水流的速度作为高度所形成的柱形几何体的体，如果水流的速度是0.4米/秒，而截面的面积是3.5平米，可得：

3.5×0.4=1.4（立方米）

也就是说，每秒钟流过的水量就是1.4立方米，也就是1.4吨（1立方米质量的水正好是1吨）；那么，每小时的流量就是1.4×3600＝5040立方米，也就是5040吨；而每天的流量则是5040×24=120960立方米，也就是120960吨。

所以，这条小河每天的流水量是12多万立方米。实际上，横截面只有3.5平方米的小河确实太小了，你可以把它想象成一条3.5米宽、1米深的小河。只需要几步，我们就能跨过这条小河了。但你肯定没想到，就是这样一条小河，每天流过的水量竟然有这么多！至于那些大河，比如涅瓦河，它每秒钟的流水量可达3300立方米，它每天的平均流水量得有多少啊！

然而，要建一座水力发电站，还有很多其他的工作要做。比如，计算出河的两岸究竟可以容纳多

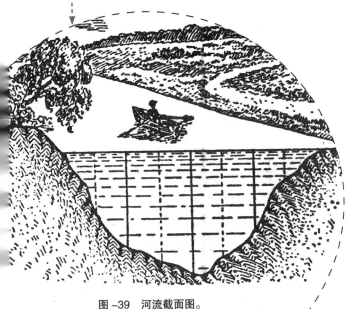

图-39 河流截面图。

Chapter 2
河畔几何学

高的水位，也就是建成后的拦河坝可以形成的落差是多少，如图-40所示。那么，如何计算这一落差呢？

首先，在河两岸距离岸边 5～10 米处各做一个标记，使这两个标记间的连线垂直于水流的方向。其次，沿着这条连线的延长线，向远离河流的方向行进，如果岸边坡度变化较大，可做一个标记，如图-41所示。用特定的工具测量出这两个标记之间的垂直落差，即高度差，以及两个标记之间的距离。再次，把这些结果标在方格纸上，可得到河岸横截面的图形。

根据画出来的横截面图形，工程师就能够得知河岸可以容纳多高的水位。比如，拦河坝可以允许水位抬高 2.5 米，那么我们就可以根据这一数值计算出可能产生多少电能。专家为此做了很多工作，根据他们的经验和计算，建成的水电站可能产生的电能就等于：每秒钟的水流量 × 水位的高度 × 6。

依据此公式，前面的例子中就是：

$1.4 \times 2.5 \times 6 = 21$（千瓦）

这里的系数 6 跟发电机的能量损耗有关，不同的发电机系数有所差别。另外，河流水面的高度和水流量会随着季节的变化而变化，所以在进行相关计算时，要把这一因素考虑进去，尽量选择一年中大部分时间里测得的数据。

图-40 小型水电站。

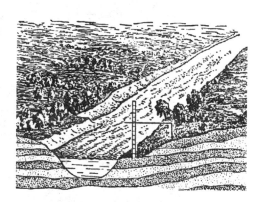

图-41 岸边地形的测量。

水涡轮如何旋转

【题目】 如图-42所示,在距河底不远的某处,装有一个带桨叶的涡轮,如果水流的方向是从右向左,那么涡轮会如何旋转呢?

【解答】 涡轮会按照逆时针的方向旋转。因为河流底部和上部的水流速度不同,底部水流的速度比上部慢,导致涡轮上的桨叶受力不均匀,桨叶的上部受到的压力更大。

图-42 水涡轮向哪个方向转?

彩虹膜有多厚

你注意过吗？洗碗的时候，油在水面上会形成一层色彩鲜艳的膜。油之所以会漂到水面上，是因为它的比重比水小，因而在水面上流散开来。那么，你知道这层油膜的厚度是多少吗？

乍一看，这个问题似乎很复杂，但是解答起来并不难。当然了，我们不能直接测量它的厚度，但我们可以用间接的方式把它计算出来：把一定数量的油倒到一个大的水池中央，当油完全散开，变成一个大圆斑的时候，把这个圆斑的直径测量出来，根据这个直径计算出它的面积。油的体积是已知的，这样就能很快地计算出油膜的厚度。

【题目】 已知每立方厘米煤油的质量是0.8克，现在把质量为1的煤油滴到水面上，最后形成了一个直径为30厘米的圆斑，那么这层油膜有多厚？

【解答】 根据煤油的密度，我们需要先计算出1克煤油的体积。根据已知条件，每立方厘米煤油的质量是0.8克，那么1克煤油的体积就是 $\frac{1}{0.8}=1.25$ 立方厘米，即1250立方毫米。如果圆斑的直径是30厘米或者300毫米，那么它的面积大概就是70000平方毫米。所以，这层煤油膜的厚度就等于它的体积除以底面积，即：

$$\frac{1250}{70000} \approx 0.018 \text{（毫米）}$$

也就是说，这层油膜的厚度比1毫米的 $\frac{1}{50}$ 还要小。这么薄的膜，要用普通的工具直接测量出来，几乎是不可能的。

有一些油或者肥皂液的膜比这层煤油膜还要薄，只有0.0001毫米，甚至更薄。英国的物理学家波依思，写过一篇《肥皂泡》，里面有这样一段描述：

有一天，我做了一个实验：我把一小汤匙橄榄油倒在了一个水池里，不一会儿，这些油散开成了一个非常大的油膜，直径有20～30米。我粗略地计算了一下，这层油膜的面积比汤匙大多了，在长度和宽度上，至少大了1000倍。所以，这层油膜的厚度大概是汤匙中油的厚度的100万分之一，大概是2毫米的100万分之一。

水纹是一圈圈的吗

【题目】如图–43所示,当我们把一块石头丢进水里,水面上就会形成一些向外散开的圆形水纹。这一现象很容易解释,当水面受到石头的冲击时,形成的波浪会以同样的速度向四周散开,因而每一圈波浪上的点跟石头落水点之间的距离都是相等的,即每一个水纹都是圆形的。

刚刚谈到的是在静止的水中投石头,如果朝流动的水中投石头,形成的水纹是什么样的呢?它会是一个个圆形还是椭圆形?

粗略地想一下,我们会得出这样的结论:水纹肯定是椭圆形的,形成的波浪会被流动的水带向前方,因为在逆流或者两边的方向上波浪展开的速度比顺流的方向要小。这就是说,在流动的水中,波浪会伸长变形,上面的各点虽然

图–43 水面上一圈圈的水纹。

也是在一个封闭的曲线上，但不是一个圆形。

上面的分析看起来很有道理，但是我要告诉你，事实并非如此。就算水流的速度很快，石头激起的水纹依然是圆形的，而且是一个正圆形。这是为什么呢？

【解答】 在静止的水中，投石头形成的水纹是圆形的。在流动的水中，我们假设形成的水纹还是圆形的，那么水的流动会对这些水纹产生什么影响呢？如图-44所示，a图中水流动的时候，会把水纹上的各点引向图中箭头的方向，从岸边上看，水纹上各点移动的方向都是平行的，速度也一样，所以在一段时间里，它们移动的距离相等。也就是说，各点都是平行移动的，并不会改变水纹的形状。

从b图中可见，点1移动到了点1'，点2移动到了点2'……也就是说，四边形1234移动到了四边形1'2'3'4'处，而且这两个四边形是完全一样的。我们还可以从圆周上取更多的点，得到的结果依然如此。如果取的点足够多，无数个点就能够形成一个圆，所以圆形的水纹平移之后，仍然是圆形。

通过前面的分析，我们知道，石头丢进流动的水中，形成的水纹也是圆形的，不会因为水的流动而改变形状。然而，跟在静止的水中不一样的是，流动的水中形成的水纹不是静止的，而是会随着水流的方向向下游移动。需要指出一点，在上面的分析中，我们假设水流是平稳的，而且各处的水流速度都一样。

图-44 水纹的移动图示。

榴霰弹爆炸时的形状

【题目】 一枚发射到空中的榴霰弹急速飞驰着,抵达一定高度后开始下落,在下落的过程中,榴霰弹突然爆炸,产生的碎片向四处散落。假设散落的碎片受到的弹射力量是相等的,且在散开的过程中没有遇到任何障碍,那么1秒钟之后,如果碎片尚未落到地上,它们会是什么形状的?

【解答】 很多人可能会认为,爆炸开的碎片会朝着四面八方飞去,向上飞的碎片比向下飞的碎片速度要慢,所以这些碎片会形成一个向下伸长的形状。然而,实际的情况不是这样的,它们会散布在一个球面上。下面,我们就来分析一下。

我们暂时忽略重力的作用,因为这些碎片受到的弹射力量是相同的,它们四面散开的速度也一样,所以在1秒钟的时间里,它们飞行的距离相等,也就是散布在以爆炸点为球心的球形上。如果只考虑重力的影响,不考虑它们受到的空气阻力,各个碎片就会进行自由落体运动,无论每个碎片的质量如何,它们下落的速度都是一样的。也就是说,在1秒钟的时间里,它们下落的距离也是相同的,都平行向下移动了相等的高度,因而不会改变原来的形状,所有的碎片还是在一个球面上。

综上所述,爆炸形成的碎片会在空中形成一个球面,且随着时间的推迟,这个球面会越来越大,最终落到地面上。

由船头浪测算船速

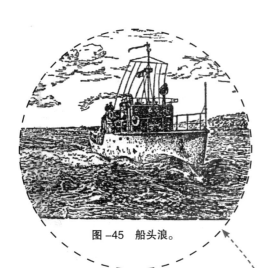

图-45 船头浪。

我们继续来谈跟河流有关的话题：一艘轮船在河中疾驰而过，船头部位的河水被分成了两条水流，如图-45所示。这两条水流是怎么形成的呢？为什么船速越快，水的高度越高呢？

在回答这个问题前，我们先深入讨论一下前面的水纹问题。假如我们不是朝水中只投一块石头，而是每隔一段时间朝河中扔一块石头，河中就会形成许多个圆形的水纹，且最后形成的水纹是最小的。如果我们沿着一条直线向水中丢石头，就会形成一长串的圆形水纹，

就像船头形成的波浪一样。丢进去的石头越小、丢的频率越快，它们的相似程度就越大。如果我们拿一根木棍插到水中并向前划，把它想象成丢进了一连串的小石头，它就形成了跟船头一样的波浪。

与丢石头相比，船头形成的波浪更复杂一些。当船头切开水面的每一个瞬间都会形成圆形的水纹并向周围扩散。可在扩散的时候，船头已经行驶到了前面，又会在前面形成圆形的水纹。投掷石头时，哪怕频率再快，也不可能是连续投，而船头形成的水纹是连续的，如图-46a所示。无数个水纹形成了水流，彼此相连，形成两条连续不断的水流，它们刚好处于水纹的外公切线位置，如图-46b所示。

这就是为什么船头切开水面会形成水流。事实上，所有在水面上快速运动

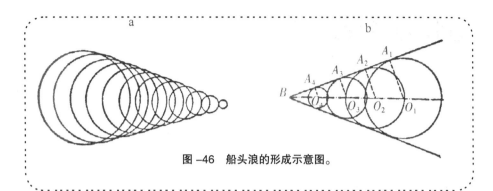

图-46 船头浪的形成示意图。

的物体，都会形成这样的水流。值得注意的是，只有物体在水面上的运动速度比水浪更快时，才会出现这样的现象。倘若我们拿一根木棍在水面上缓慢划动，是无法形成水流的，因为每一个水纹都被前一个水纹包围，不可能划出共同切线。反之，如果水中的物体不动，水流动的速度很快，也能在物体的两边形成水流。如果水流湍急，形成的水流甚至比轮船驶过形成的更清楚。这就是轮船驶过时会形成船头浪的原因。

接下来，我们来深入分析一下船头浪。

【题目】 船头浪的两条水脊间会形成一个锐角，那这个锐角的大小与什么有关呢？

【解答】 如图-48b所示，我们以每个圆形水纹的中心为圆心，以它到水脊的距离为半径，向公切线的切点作直线，那么，线段 O_1B 是某一段时间船头走过的距离，线段 O_1A_1 是这段时间水纹扩散的距离。它们的比 $\dfrac{O_1A_1}{O_1B}$ 就是角 O_1BA_1 的正弦值，而且也是水纹速度跟船头速度的比值。船头浪的角度 B 是角 O_1BA_1 的两倍，角 B 的正弦值等于圆形水纹扩散的速度跟船速的比值。

对于不同大小的船只，圆形水纹的扩散速度相同。所以，两条水流形成的角度大小，跟船的行驶速度有关，这个角的一半的正弦值跟船速成反比。根据这个角度的大小，我们可以判断船速跟水纹速度的关系。假如两条水脊之间形成的角度是30°，我们知道 $\sin 15° \approx 0.26$，船的速度大约是圆形水纹扩散速度的 $\dfrac{1}{0.26} \approx 4$ 倍。

炮弹的飞行速度

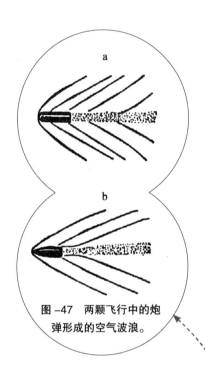

图-47 两颗飞行中的炮弹形成的空气波浪。

【题目】 当炮弹或者子弹打出去后,也会在空中形成波浪。如图-47所示,这是两颗不同速度的炮弹在空中飞行时拍摄的照片。

从图中可见,在弹头的周围形成了"弹头浪",它的形成原理跟船头浪一样的,且满足下面的关系:弹头浪半角的正弦值等于弹头浪在空中散开的速度跟炮弹的飞行速度之比;弹头浪在空中散开的速度等于声音的速度,即330米/秒。

知道这些以后,我们就能根据飞行中的炮弹的照片,计算出它的飞行速度。那么,图中炮弹的飞行速度分别是多少呢?

【解答】 首先,我们根据图中弹头浪的图形,测量出两条空气脊的角度。a图大概是80°,b图大概是55°,它们的半角分别是40°和27.5°,$\sin 40° \approx 0.64$,$\sin 27.5° \approx 0.46$。前面说过,弹头浪的扩散速度是330米/秒。在a图中,这个速度与炮弹飞行速度的比例系数是0.64,而在b图中,它与炮弹飞行速度的比例系数是0.46。

根据这一关系,我们可以得出:在a图中,炮弹的飞行速度是$\frac{330}{0.64} \approx 520$米/秒,而在b图中,炮弹的飞行速度是$\frac{330}{0.46} \approx 720$米/秒。

根据前面的分析可见,借助简单的

几何学知识和一些物理学知识,就可以解决一些看似费解的难题。比如,根据一张飞行中的炮弹照片,我们能够计算出它在进入相机镜头瞬间的速度。当然了,这个结果只是一个近似值,炮弹在飞行中还可能受到其他一些因素的影响。

【题目】 感兴趣的读者,可以试着解答一下图-48 3张照片中炮弹的飞行速度。

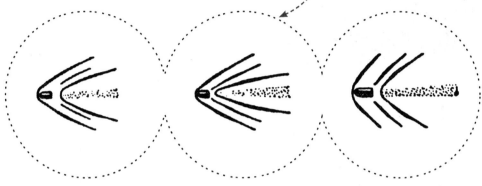

图-48 求出3颗飞行炮弹的速度。

用莲花测算池水的深度

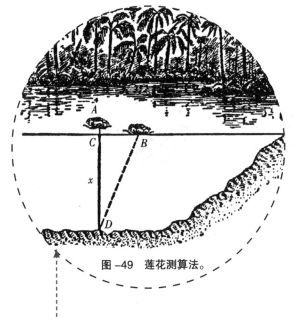

图-49 莲花测算法。

我们从水面上的波浪谈到飞行的炮弹,现在我们把话题拉回到河流上。

【题目】 古时候的印度人很有意思,他们喜欢把一些题目和解答方法用诗歌的形式记载下来,其中有一首诗歌是这样写的:在静止的水面上,有一朵盛开的莲花,比水面高出半尺。突然吹来一阵狂风,把莲花吹到一边。这时来了一个渔夫,在距离莲花两尺的地方,发现了这朵莲花。你是否知道,刚才莲花所在的地方,河水究竟有多深?

【解答】 如图-49所示,图中的 x 表示我们要计算的河水深度 CD。根据勾股定理,可知:

$$BD^2 - x^2 = BC^2$$
$$(x + \frac{1}{2})^2 - x^2 = 2^2$$

所以,
$$x^2 + x + \frac{1}{4} - x^2 = 4$$

解得:
$$x = 3\frac{3}{4}$$

即,河水的深度是 $3\frac{3}{4}$ 尺。

如果有一天你到河边去,不妨按照这个方法,在水中随便找一棵植物,计算出那个地方的水深。

Chapter 2
河畔几何学

倒映在河面上的星空

生活中处处都存在几何学，果戈理曾写过一篇文章，写的是第聂伯河，其中有这样一段描述：

漫天的星斗在天空照耀着，倒映在第聂伯河上。幽暗的第聂伯河把它们紧紧搂在怀里，没有一颗星能躲过它的怀抱。

我们大都有过类似的感觉，站在河边的时候，仿佛漫天的繁星都倒映在了水面上。然而，真实情况是什么样的呢？是所有的星星都倒映在河中的水面上了吗？

如图-50所示，假设点 A 处是观察者眼睛的位置，MN 是河中的水面，那么观察者在点 A 看向河面的时候，看到了哪些星星呢？

在图-50中，从点 A 引一条垂直于 MN 的垂线，在其延长线上取一点 A'，使 $A'D=AD$。假设点 A' 是观察者的眼睛，那么他只能看见角 $BA'C$ 范围内的星空。也就是说，观察者在点 A 看的时候，只

能看到这么多，根本看不到这个视野之外的星空，因为它们的反射光线到不了观察者的眼睛中。

我们可以证明一下：观察者在看向水面的时候，看不到角 $BA'C$ 范围之外的星空。

在图-50中，S 星的光线射到水面的 M 点，在水面的反射下，这条光线会向垂线 MP 的另一个方向反射出去，而且这个反射角等于入射角 SMP。与角

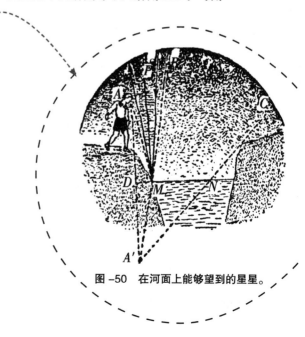

图-50 在河面上能够望到的星星。

PMA 相比，这个反射角略小一些，所以这条反射光线只是从点 A 的旁边经过，并未反射到观察者的眼中。如果从 S 星发出的光线射到了离岸边更远的地方，反射光线将离点 A 更远，也更不可能到达观察者的眼中。

通过上述分析，我们可知，果戈里所描述的情形并不存在，第聂伯河里倒映出来的星星，只是漫天繁星中的一小部分。还有一个现象令人困惑：天空的部分繁星会倒映在河中，那是不是说，如果河流比较宽广，倒映在里面的星星一定比倒映在小河中的多呢？事实并非如此。在河岸较低的小河中，我们可能会看到更多的星星。

如图 -51 所示，这跟人们看向河面的视角有一定的关系。

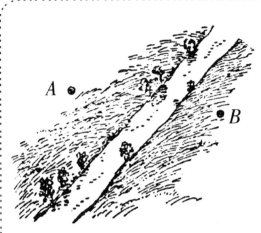

图 -51　在狭窄的小河中可以看到的星星。

在什么地方桥架距离最短

【题目】 如图-52所示,在点A和点B之间有一条两岸平行的运河。现在,如果想在这条运河上建造一座垂直于岸边的桥,选择什么位置才能保证从点A到点B的距离最短?

【解答】 如图-53所示,过点A作一条垂直于河流方向的直线,在直线上选取一点C,使AC与河面的宽度相等。连接点B和点C,得到点D,在点D建造这座桥,就能保证点A和点B之间的距离最短。

如图-54所示,为什么将桥建在DE处,点A与点B间的距离最短呢?下面我们就来分析一下。

连接点E和点A,则线段AC平行且等于线段ED,四边形$AEDC$是平行四边形,AE平行于CD。所以,路径$AEDB$的长度等于ACB的长度。这很容易理解,任何一条别的路径都要比这条路径长。

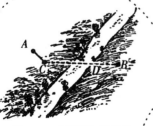

图-52 在哪里架桥能使桥和岸边垂直,且从A点到B点路程最近?

图-53 架桥位置示意图。

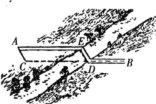

图-54 距离最短的桥。

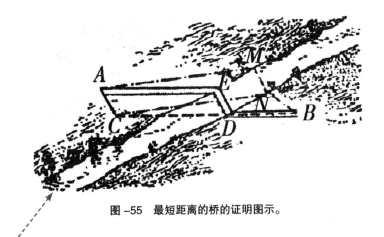

图-55 最短距离的桥的证明图示。

如图-55所示,假设有一条路径 AMNB 比路径 AEDB 短,即比路径 ACB 短。连接点 C 和点 N,得到:CN=AM,AMNB=ACNB,但是,路径 CNB 比路径 CB 长,所以路径 ACNB 比路径 ACB 长,即路径 ACNB 比路径 AEDB 长。这就证明,刚才的假设是错的,路径 AMNB 要比路径 AEDB 长。

根据上述分析,我们可知,点 D 是唯一可以保证距离最短的地方。如果换一个地方建造这座桥,根本不能保证距离最短。

架设两座桥梁的最佳地点

【题目】 现实生活中，我们可能会遇到图-56所示的情况。在点A和点B之间有两条河，想要在上面架两座桥，保证点A到点B之间的距离最短，该把桥架在哪里？

【解答】 如图-56所示，从点A作一条线段AC，使它跟第一条河的河宽相等，并垂直于河岸。从点B作一条线段BD，使它跟第二条河的河宽相等，并垂直于第二条河的河岸。连接点C和点D，在点E架一座桥EF，在点G架一座桥GH，路径AFEGHB就是从点A到点B的最短距离。

如果你不相信的话，可以参照前文的内容，来验证一下这个结果。

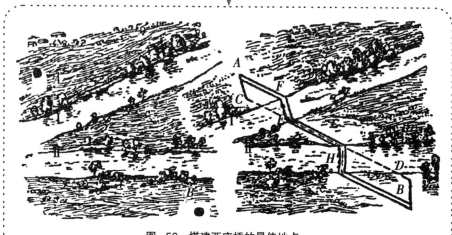

图-56 搭建两座桥的最佳地点。

Chapter 3
旷野中的几何学

月亮看起来有多大

月亮每个月都会在某一天达到满月,那么,你知道满月有多大吗?

人们在形容满月时总是有些模糊,有人说它像盘子,有人说它像苹果,还有人说它像脸蛋……然而,这些判断都是不确切的,只能说明人们对问题的理解不够透彻。

要想正确回答这个问题,先得了解一个名词——视大小。关于满月的问题,其实就是一个月亮视大小的问题。如图-57所示,当我们看向远处的物体时,物体边缘引到眼睛的两条直线之间会有一个夹角,这个夹角就是"视角"。人们把满月形容成盘子或苹果,都是不恰当的比喻。严格来说,在不同的距离看物体,视角也不一样。距离越近,视

图-57 视角。

角越大；距离越远，视角也越小。因此，要想准确地回答上面的问题，必须要知道距离有多远。

很多文学作品在形容远距离物体的大小时，会经常不指明距离的远近，哪怕是一流的作家，也可能会犯这样的错误。事实上，这跟人们的心理习惯有关。在读者看来，物体的印象仍然是模糊的。莎士比亚在其作品《李尔王》中，有这样一段描述：

> 我向下看去，一直看到很远的下面，简直太震惊了。空中飞行的乌鸦还没有甲虫大；山腰上采草药的那个人，整个身体比一个人的头还要小；海边上行走的渔夫，就像一只小老鼠；岸边的那艘大帆船跟小划艇一样大，旁边的划艇看上去就像漂在水上的浮标，几乎看不见。

这些描述都是模糊的，它们与观察者的距离是不同的，所以无法给读者一个清晰的印象。同理，如果用盘子或者苹果来形容月亮，也应该指明它们之间的距离才行。

事实上，月亮与我们之间的距离，比想象中要大得多。如果拿一个苹果并伸出手臂，这个苹果遮住的不仅是月亮，天空也被遮住了一大部分。把苹果用细绳吊起来，朝着远离苹果的方向后退，一直退到这个苹果刚好把月亮遮住。这时我们就可以说，苹果和月亮的视大小是相同的。我们还能计算出苹果与观察者的距离大概是10米。如果把月亮形容为苹果，相当于把苹果拿到10米远的距离，这时苹果和月亮的视大小才是一样的。如果把月亮形容为盘子，这个距离是30米。

看到这儿，可能有的读者会觉得不可思议，但事实就是这样。我们看月亮的时候，视角只有半度大小，如此小的角度，通常没有直观的印象，即便是稍大一些的角度，比如1°、2°或是5°，也不会去估计它的大小。只有在角度比较大的时候，我们才可能注意到它的大小，就像时钟上的指针，我们很容易估计出两个指针的夹角，比如1点的时候是30°，3点的时候是90°，等等。而且，我们无须看表盘上的数字，只要根据这个角度就能判断出现在是几点几分。可对于一些很小的的物体，在视角很小的时候，要估计出它们的视角是很困难的。

视角与距离

1°到底有多大呢？说得再具体点，让一个身高170厘米的人朝着与我们相反的方向走去，要走到多远的距离，视角才正好是1°呢？下面，我们依然从几何学的角度来分析这个问题。

其实，这就如同画一个圆，让1°的圆心角所对应的弦长正好是170厘米。由于角度非常小，在计算中我们可以用弧长来代替弦长，因为两者的差别不大。

当圆心角为1°时，对应的弧长是170厘米，即1.7米，整个圆周的长就是$360 \times 1.7 \approx 610$米。由此，我们可以算出这个圆的半径是$\frac{610}{2\pi} \approx 98$米。也就是说，这个人要离开我们100米左右，视角才是1°，如图-58所示。如果距离200米，视角就会变成2°……

同理，如果是1米的竹竿，视角为1°的时候，距离应该是$\frac{360}{2\pi} \approx 57$米。如果是看1厘米的木棍，这个距离就是57厘米。如果物体特别大，有1000米的话，那么这个距离则是57千米。这就是说，当我们看向一个远处的物体时，如果在它直径57倍的距离上观察，视角就是1°。

记住了57这个数字，我们就能轻松地进行类似的计算。一个直径是9厘米的苹果，要想视角为1°，苹果离你的距离就应该是$9 \times 57 \approx 510$厘米。如

图-58 距观察者100米处的视角是1°。

果移到 10 米的距离上，视角就是半度，这跟我们看向月亮的视角相同。前面我们曾经提到过这个距离。这里的 57 适用于任何物体，我们能用它计算出所有视大小和月亮相同的物体与我们的距离。

月亮和盘子

【题目】 一只直径为25厘米的盘子,在多远的距离上观看,它和月亮具有相同的视大小?

【解答】 根据前面的分析,我们可以快速计算出这个距离:

$$0.25 \times 57 \times 2 \approx 28（米）$$

电影拍摄中的特技镜头

为了让大家更清晰地认识视角,下面我们来看看电影中的一些场景。

我们经常会在电影中看到这样的镜头:火车相撞、汽车在海里行驶……当然了,我们知道这不可能是真实的场景,但它们是怎么拍摄出来的呢?

其实,这就是特效镜头的拍摄方法。看电影的时候,我们根本感觉不出来是搭建的场景,还以为是真的火车或者汽车呢!如图-59和图-60所示。事实上,产生这种错觉的原因并不复杂。拍摄的时候,摄像机距离这些场景很近。所以,在电影中,它们看起来的视角跟真实的火车或者汽车是一样的。这就是拍摄的秘诀。

如图-61所示,这是电影《鲁斯兰与柳德米拉》中的一个镜头,骑在马上的鲁斯兰身材很小,而旁边的人头却很大。因为拍摄的时候,人头距离摄像机很近,而骑马的鲁斯兰却在远方。

图-59 电影中的"火车事故"。

图-60 在海底行驶的汽车。

图-62 所示的情形也是一样。图中的景象就像回到了古地质时代，风景奇特：跟苔藓似的大树异常高大，上面垂下巨大的水滴，旁边还有一只虱子模样的巨兽。这些场景都是在特定的视角下拍摄出来的。我们很少以如此大的视角去观察苔藓和水滴，所以照片上的景象才会令我们感到震撼。如果把这张照片缩小到一只蚂蚁那么大，上面的苔藓等景象才跟我们平常看到的一样。

有些造假的新闻也是利用了这一手法。有一则新闻责怪政府不作为，街道上堆满了大量的积雪，还附上了照片，如图-63 所示。后来，人们对新闻中的场景进行调查，才发现照片中的场景其实就是一个很小的雪堆。

如图-64 所示，记者是在非常近的距离上以很大的视角拍摄的照片。这不过是一个恶作剧罢了，根本没有那么大的雪堆。

据说，那份报纸上还刊登了另一幅图片：在山岩上有一个很宽的缝隙，声称这是一个地下室的入口，里面空间非常大，有一些探险家为了一探究竟都失踪了。这则报道引起了一些志愿者的兴

图-61 电影《鲁斯兰与柳德米拉》中的镜头。

图-62 特效实物照片。

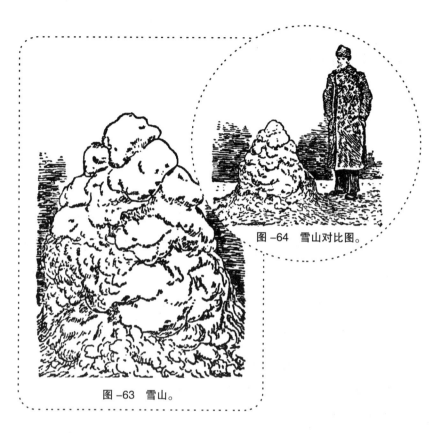

图-63 雪山。

图-64 雪山对比图。

趣,他们想去营救探险家,最后却发现,那里根本不是什么地下室,只不过是在墙壁上的一个隐约可见的小缝隙罢了,宽度顶多有1厘米。

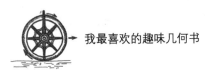

人体测角仪

现在,我们来说说测角仪。这个仪器跟前面提到的测高仪和测距仪一样,同样能够自己制作,且只需要一个分角器就可以。不过,如果在荒郊野外的话,我们不可能随身携带测角仪,这时该怎么办呢?别担心,大自然慷慨地赋予了我们"身体测角仪"——手指,我们可以用这个"测角仪"粗略估计一下视角的大小。当然,这需要事先做一些准备工作。

当我们伸直手臂的时候,手指跟眼睛的距离大约是 60 厘米,而普通人的食指指甲大约宽 1 厘米。根据前面所学知识可知,当我们看向这时候的食指指甲时,视角大概为 1°,严格地说,比 1° 还要略小。前面分析过,在 57 厘米处的时候视角才是 1°,你可以自己测量一下,这样印象会更加深刻。每个人的手指指甲的大小不太一样,通过测量,可以找到究竟哪一个手指指甲在这段距离上的视角是 1°,然后以这个手指的指甲作为标准。

准备好这些之后,我们就可以不带任何东西,测量远处物体的视角了。当你看向远方物体的时候,如果你伸直手臂,食指指甲刚好遮住了物体,那么你看向物体的视角就正好是 1°。也就是说,这个物体离你的距离是它大小的 57 倍。如果你的指甲只遮住了物体的一半,那么你看向物体的视角就是 2°,它跟你之间的距离就是物体大小的 28.5 倍。

满月的时候,只需半个指甲就能把月亮遮住,所以看向它的视角就是 0.5°。这就是说,月亮跟我们之间的距离大概是其直径的 114 倍。

如果视角比较大,我们可以用大拇指上面的第一节指节进行测量。通常来说，成年人这节指节约长 3.5 厘米。看向远处物体的时候，把这节指节弯曲，与下面一节成直角，并伸直手臂，此时拇指离眼睛的距离大约是 55 厘米。根据前面的知识，我们很容易得知此时的视角大约是 4°。因此，我们可以利用这节关节测量出视角为 4° 的物体。

除了指甲和指关节外，手指也可以用来测量视角的大小。向前伸出手臂，叉开食指和中指，此时两个手指间的视角大概是 7°～8°。如果叉开拇指和食指，此时的视角是 15°～16°。你可以亲自计算一下，看看是否如此。

我们介绍了很多种方法，可以用关节或者手指来测量物体的视角，进而测量出它的距离。比如，你在旅行时看到远处有一辆货车，此时就可以伸出手臂，测量一下它的视角。如果你的拇指上关节的一半刚好能把这辆货车遮住，那么，此时你看向它的视角就是 2°。一般来说，货车的长度大概是 6 米，所以它跟你的距离大约是 6 × 28.5 ≈ 170 米。当然，这些数据都是估计出来的，与真实值有一定误差，但比肉眼直接估计要精确很多。

顺便说一下，利用我们的身体也可以做出一个直角来。偶尔，我们需要用到垂线或者直角，但是身边又没有工具，这时该怎么办呢？比如，要作某一个方向的垂线。此时，我们可以站到那个点上，沿着这个方向看过去，保持头部不动，抬起一只手，伸向要作垂线的方向，竖起大拇指，再把头转向垂线的方向，通过拇指看向远处。如果抬起的是右手，就把左眼闭上，用右眼看向被拇指遮住的物体。那么，从这个站立点到刚才遮住的那个物体作垂线，就是需要的那条垂线。通过多多练习，你会发现，用这种方法画出的垂线几乎跟使用"垂线测定仪"一样准确。

利用身体测角仪，我们还能够测量出天上的星星跟地平线之间的夹角，甚至能够测出星体之间距离的角度。如果我们想画一个地形图，也可利用前面提到的画垂线的方法。

如图 -65 所示，这是一个小湖平面图的画法。先测量出长方形 ABCD 每条边的长度，然后从湖边各个变化显著的点向长方形的边引垂线，并测量出垂线的长度，这些垂线会跟长方形的边相交，

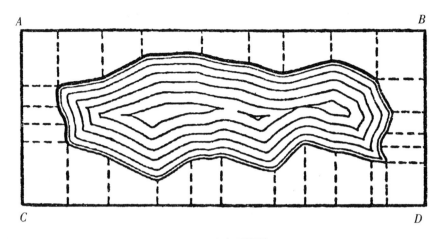

图-65 小湖平面图。

测量出这些交点到顶点的距离,就能画出小湖的平面图了。总之,掌握了这些方法之后,如果再去郊外游玩,就能够避免陷入险境。

Chapter 3
旷野中的几何学

雅科夫测角仪

前面我们讲到"身体测角仪",它在精确性上跟仪器相比略差一些。如果你的要求比较高,可以自己制作一个真正的"测角仪",制作的方法也很简单。据说,这个仪器是由雅科夫发明的,所以人们又把它称为"雅科夫测角仪",如图-66所示。直到18世纪,航海家们还一直使用这种仪器来测量角度,直到后来发明了"六分仪"后,它才退出历史舞台。

通常,这种测角仪有70~100厘米长,由两根相互垂直的木棒 AB 和 CD 组成,木棒 CD 可前后移动,点 O 是 CD 的中点。现在,我们用这个测角仪测量一下 S 星和 S′ 星的角距。为了方便观测,可以在测角仪的点 A 装一片铁片,并在中间钻一个小孔。把点 A 贴在眼睛的前面,看向 S′ 星,使木棒 AB 对准 S′ 星。然后,前后移动木棒 CD,使点 C 正好挡住 S 星。只要能够测量出 AO 的长度,就可以得出角 SAS′ 的大小。根据三角

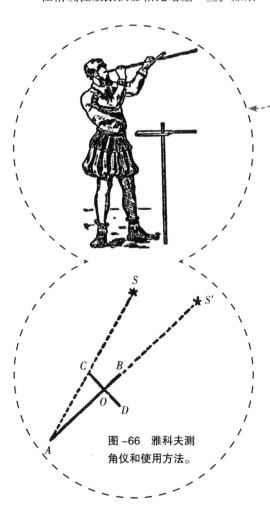

图-66 雅科夫测角仪和使用方法。

形的知识，我们可以求出这个角的正切值为 $\dfrac{CO}{AO}$。根据勾股定理，可求出 AC 的长度，然后就可以找出正弦为 $\dfrac{CO}{AC}$ 的角。

说到这儿，可能有的读者会问：为什么木棒 CD 要做得那么长呢？在前面的例子里根本就没有用到点 D。可是，如果测量的角度比较小，就要用到它了。如图–67 所示，这时我们不是用木棒 AB 对准 S' 星，而是移动木棒 CD，使点 D 正好对准 S' 星，点 C 对准 S 星。这样，就可以测量出角 SAS' 的大小了。

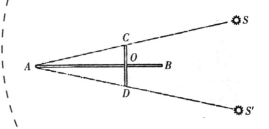

图–67　用雅科夫测角仪测量两颗星星之间的距离。

在实际使用的过程中，可以事先把一些测量结果标在木棒 AB 上。这样，在测量的时候，就用不着每次都画图或计算了。只要把测角仪对准两颗星，就可以从标记的数值读出它们的角度了。

钉耙式测角仪

如图-68所示，这是另一种测角仪，制作方法也很简单，看起来很像一个钉耙，因而我们把它称为"钉耙式测角仪"。这个测角仪主要是由一块木板组成，一端装着一块铁片，铁片上有一个小孔。我们就是通过这个小孔进行观察。在木板的另一端，钉着一排大头针。每两个相邻大头针之间的距离刚好等于它们到铁片之间距离的 $\frac{1}{57}$。根据前面的分析可知，如果从小孔看过去，每两个相邻大头针之间的视角正好等于1°。

我们还可以用下面的方法来安放大头针，这样更精确：先在墙上画出两条相距一米远的平行的直线，然后沿垂直方向向后退57米。此时，从铁片上的小孔看过去，每两个相邻大头针的位置，就会正好挡住墙上的两条平行直线。

我们还可以去掉上面的一部分大头针，使每两个相邻大头针构成的视角是2°、3°或者5°。至于如何使用这个测角仪，想必读者朋友已经知道了，这里就不赘述了。通过这种测角仪，可以非常精确地测量出不小于0.25°的视角。

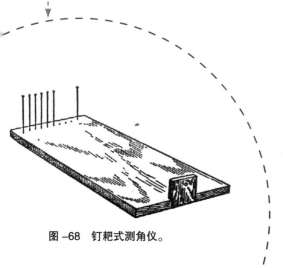

图-68 钉耙式测角仪。

炮兵使用的测角仪

炮兵在发射炮弹的时候，是如何操作的呢？

其实，他们是这样做的：在被告知或估计出目标的高度之后，先计算出目标跟地平线的夹角，再计算出与目标的距离。打完这个目标后，就要转向下一个目标，此时还要计算出炮筒转动的角度。在进行上面的计算时，炮兵们的速度很快，通常都是用心算进行的。

如图-69所示，线段 AB 是以 $OA=D$ 作为半径的圆上的一段弧，ab 是以 $Oa=r$ 作为半径的圆上的一段弧。因此，扇形 AOB 和扇形 aOb 是相似的，所以有下面的比例关系：

$$\frac{AB}{D} = \frac{ab}{r}, AB = \frac{ab}{r} \times D$$

算式中，$\frac{ab}{r}$ 代表视角 AOB 的大小。根

图-69 炮兵测算角度示意图。

据这个比例关系，就可以在已知 D 值的情况下求出 AB 的值，或在已知 AB 值的情况下求出 D 的值。

炮兵们在使用这个计算方法时，对其进行了简化，他们没有把圆周分成 360 等份，而是分成 6000 等份。此时，每一等份大概等于半径长度的 $\frac{1}{1000}$。

在图 -69 中，我们假设弧 ab 是圆 O 的一个划分单位，那么这个圆周的长度就是 $2\pi r \approx 6r$，弧长 $ab \approx \frac{6r}{6000} = \frac{r}{1000}$。在炮兵的术语中，把这一单位称为一个"密位"。于是可知：

$$AB \approx \frac{0.001r}{r} \times D \approx \frac{D}{1000}$$

也就是说，测角仪中每一"密位"对应的 AB 的距离，就相当于把距离 D 的小数点左移 3 位。

炮兵们用口语或者电讯信息下达命令、传送察测结果时，经常将这种度数用电话号码的读法来读。比如说，105"密位"读成"一〇五"，写法是"1—05"，8"密位"读成"〇〇八"，写法是"0—08"。

依据前面的知识，我们就可以很容易地解答下面的这个题目了。

几种常见物体的密位近似值

物品	密位
手掌	1—20
中指、食指或无名指	0—30
圆铅笔的宽度	0—12
火柴的长度	0—75
火柴的宽度	0—03

【题目】 从反坦克炮上看过去的时候，在 0—05 密位下看到了敌方的一辆坦克。假设坦克高 2 米，那么它的距离是多少？

【解答】 根据已知条件，5 密位相当于 2 米，那么 1 密位对应的弧长就等于 $\frac{2}{5} = 0.4$ 米。

根据前面的分析，测角仪的每一密位相对的弧长等于距离的 $\frac{1}{1000}$，所以这辆坦克的距离是这段弧长 0.4 米的一千倍，也就是：

$$D = 0.4 \times 1000 = 400（米）$$

如果指挥员或者侦察员没有带测角仪，也可以用手掌、手指或者其他手边的任何东西。只是，这需要把测量出的值换算成"密位"，而不是一般的度数。

从地平线上看见月亮和星星

当一轮满月还没有升高的时候，看起来会比较大，当它升到了空中后，看起来就小了很多。太阳也是一样，在刚刚升起或是即将落山的时候，比它在高空中的时候显得要大一些。

月亮和太阳是这样，那么星星的情形又如何呢？当星星靠近地平线时，星体间的距离似乎变大了。如果你仔细观察过天上的猎户座，就会发现，在不同的位置上，它们的大小差异特别大。不仅如此，在星星靠近地平线时，似乎离我们更远了，而不是离我们更近，如图-70所示。

事实上，它们根本没有任何变化，这都是我们的错觉而已。如果借助钉耙式测角仪或者其他测角仪，我们就会发现，无论它们在什么位置，视角大小都是一样的，也就是 0.5°。同理，利用测角仪，我们还可以测出星体之间的角距离，无论它们是在高空中，还是在靠近地平线的位置，视角都没有变化。所以说，"变大"只是我们的错觉而已。

可是，要如何解释我们眼中的这一错觉呢？

坦白说，直到今天，科学家们也没有找到一个最合理的解释。从发现视觉

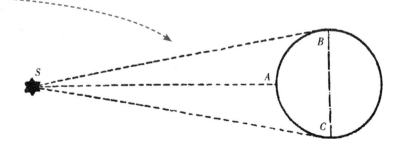

图-70 体位示意图。

有错觉的那一天起，人们就渴望找到原因，但2000多年过去了，还是没有答案。但是，这一错觉跟下面的看法有一定的关系。

在我们看来，头顶的天穹似乎不是一个半球面，而是一个截球面，它的高度比较低，只有底面半径的 $\frac{1}{3} \sim \frac{1}{2}$。为什么会有这样的感觉呢？因为我们在看向水平方向上的距离时，会感觉比竖直方向上的距离大。在水平方向上，我们用平时的眼光来看物体，而在其他方向上，则需要抬高或降低眼光来看。如果躺在地面上的话，会发现高空中的月亮比地平线附近时的月亮要大。

说到这里，又遇到了一个问题：为什么我们观察物体时，它看上去的大小决定于眼睛的观察方向呢？这一点，恐怕连生物学家也说不清楚吧！

如图-71所示，由于天穹看起来是扁圆的，而不是浑圆的，因此会影响我们在不同位置上观察的天体的大小。空中的月亮无论在什么位置，我们看向它的视角都是0.5°，但我们以为月亮在不同的位置跟我们的距离是不一样的。在我们看来，月亮在顶上的时候要比靠近地平线的时候近。所以，我们就以为它的大小也不一样。如图-74的左边，星星在靠近地平线的时候，与人眼之间的距离好像增大了一样，它们之间本来相同的角距离看起来也似乎变得不一样了。

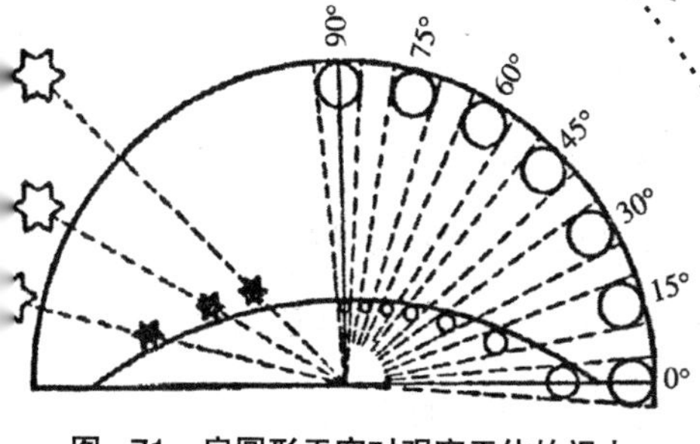

有一点让我们感到疑惑：地平线上的太阳或是月亮比高空中大。然而，在地平线附近的时候，我们却没有从它们上面看到任何东西，哪怕是斑点或线纹，也没有看到。它们不是被放大了吗？其实，这种视觉上的错觉，不同于用放大镜放大的原理，因为视角没有变大。要想看到上面的新事物，必须增大视角。这些所谓的"放大"，不过是眼睛的错觉罢了。

图-71 扁圆形天穹对观察天体的视大小的影响。

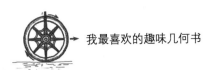

月亮影子的长度

利用视角,我们还可以解决一些其他的问题。大家都知道,空间中的任物体都会在空间投下阴影,星体也如此。比如,月亮在宇宙空间中有一个圆锥形的阴影,这个阴影一直伴随着它。那么,如何知道这个阴影的长度呢?

要解答这个问题,不需要根据三角形的相似关系画出它们的直径,做一些复杂的图形,再列出来一些比例关系。还有更简单的方法,那就是利用视角来计算。

假设我们的眼睛刚好在这个圆锥形阴影的顶点,从这个顶点看向月球,会看到什么呢?此时,月球应该刚好遮住了整个太阳,且月球也变得一片漆黑。前面说过,我们看向太阳或者月亮的视角是 $0.5°$,以这么大的视角看向物体,物体跟我们的距离就是它的直径的 $2×57=114$ 倍。所以,月球的阴影顶端跟月球的距离是 114 个月球的直径。也就是说,月球阴影的长度是:

$$3500×114≈400000(千米)$$

我们知道,月球距离地球 38 多万千米,因此月球阴影的长度比它到地球的距离要长一些,这就是日全食产生的原因。

讲完了月球,那么地球呢?它的阴影长度是多少呢?这也很容易计算。

假设地球阴影的顶端视角也是 $0.5°$,那么地球阴影的长度与月球阴影之比就等于地球直径跟月球直径的比值,也就是 4∶1,因此地球阴影的长度是月球阴影长度的 4 倍。

用同样的方法,我们还可以计算出空间中一些比较小的物体影子的长度。比如空中的气球,如果它的直径是 36 米,那么,它的圆锥形影子的长度就是:

$$36×114≈4100(米)$$

云层距离地面有多高

飞机在高空飞行时，有时会在尾部形成一长串的白烟，你可能也看到过这种情况。这串白烟是飞机在空中留下的印，表明它切实在空中出现过。这种白烟形成的原因，是由于高空中的空气阴冷、潮湿且尘埃较多。飞机在飞行时会从发动机中喷出一些细小的微粒，那是燃料燃烧后的产物。它们把水蒸气聚集到一起，就形成了云。如果可以的话，我们只需要测量出这些云在消散之前的高度，就能够知道飞机的飞行高度。

【题目】 如何测量这些云的高度呢？测量时是否必须在它的正下方呢？

【解答】 想要测量出云层的高度，还需要借助两架照相机。以前，照相机尚未普及，对那时的人们来说，照相机太复杂了。我们需要的这两架照相机的焦距必须是相同的，它们的数值在镜头上就可以读出来。

准备好相机之后，把它们架到两个同等高度的地方，确保每个地方的测量者可以用肉眼或者望远镜看到对方。如果在野外的话，可以借助三脚架来固定照相机；如果在城市里面，可以把照相机放在楼顶的平台上。根据地图或者地形图，我们能够测出这段距离基础的长度。接着，让两架相机的光轴保持平行，比如让它们的镜头都对准天空。

当需要测量的云层到达其中一架照相机的视野中时，操作这架照相机的人发出信号，通知另一处的测量者，两人同时按下照相机的快门拍下照片。如果严格按照要求来操作，得到的两张照片的大小应该跟底片完全相同。如图-75所示，在照片上连接它们对应边的中点，即 XX 和 YY。

在每一张照片中，选出云层的某片共同部分，测量出它与直线 XX 和 YY 的

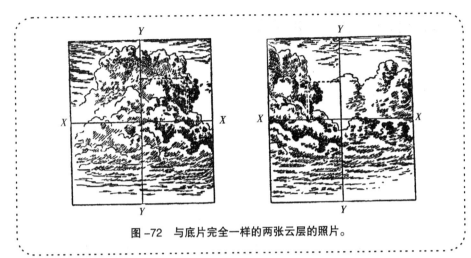

图-72 与底片完全一样的两张云层的照片。

距离,用 x_1 和 y_1 代表左边照片中的这两段距离,用 x_2 和 y_2 代表右边照片中的这两段距离。

假设我们刚刚选的这个地方,在左边照片中直线 YY 的右边,在右边照片中直线 YY 的左边。那么,云层的高度 H 就是:

$$H = b \times \frac{F}{x_1 + x_2}$$

这里的 b 是基距的长度(米),F 是焦距的大小(毫米)。

如果在两张照片中,选取的这一点都在直线 YY 的同一侧,那么,云层的高度就是:

$$H = b \times \frac{F}{x_1 - x_2}$$

计算云层高度时,无须知道 y_1 和 y_2 的大小,但可以用它来比较两张照片,看照片拍得是否精确。如果在拍摄时,两张照片的底片装得很严密且严格对称,那么两张照片中的 y_1 和 y_2 就应该是相等的。但在现实中,很难做到这一点。

如果镜头的焦距 F 是 135 毫米,两个相继的基距是 937 米,在两张照片中测量出的各个数值是下面的情况:

x_1=32(毫米) y_1=29(毫米)

x_2=23(毫米) y_2=25(毫米)

那么,云层的高度就是:

$$H = b \times \frac{F}{x_1+x_2} = 937 \times \frac{135}{32+23} \approx 2300$$

(米)

这就是说,照片所拍摄的那片云到地面的距离大约是 2300 米。如果你有兴趣的话,也可以用图-76 来推导一下刚才的公式。

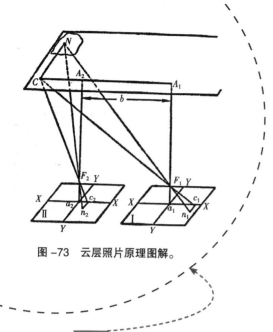

图-73 云层照片原理图解。

由于 $A_2F_2=A_1F_1$,比较上面的比例关系,可得:

$$y_1=y_2, \frac{A_1C}{x_1}=\frac{A_2C}{x_2}$$

由图-76,有 $A_2C=A_1C-b$,所以:

$$\frac{A_1C}{x_1}=\frac{A_1C-b}{x_1}$$

所以:

$$A_1C=b\times\frac{x_1}{x_1-x_1}$$
$$A_1F_1=b\times\frac{x_1}{x_1-x_2}\approx H$$

如果 n_1、n_2 分别在直线 YY 的两边,也就是点 C 在顶点的两边 A_1、A_2,那么云层的高度就是:

$$H=b\times\frac{x_1}{x_1-x_2}$$

刚才的这两个公式,只有照相机的光轴对准天顶的情况下才成立。如果云层距离天顶比较远,没有在照相机的视野之内,必须对照相机进行改进。比如,可以让照相机瞄准水平方向,但是必须垂直于基距,或者沿着基距的方向。还需要注意的是,在测量之前,要先制作照相机位置分布图,再推导出云层的计算公式。

说到云层,我们还可以用它来预报天气。如果你在白天看到一些羽毛状的高云,且每隔一段时间,它们就会下沉一定的高度,很有可能过几个小时就要下雨了。

图-73画出了一个立体空间(关于空间的知识,在立体几何中介绍)。图中的Ⅰ和Ⅱ分别代表两张照片,F_1、F_2 分别代表两个相机物镜的光心,N 是云层上的一点,n_1、n_2 是点 N 在照片上成的像,a_1A_1、a_2A_2 是从照片的中点引向云层平面的垂线,$A_1A_2=a_1a_2=b$,b 是基距。

先来看第一张照片的情形,假设 A_1 是云层平面上的一点,从这一点引一条直线 A_1C,使 A_1C 垂直于 CN,也就是说,点 C 是直角三角形 A_1CN 的顶点,那么,直线 F_1A_1、A_1C、CN 就相当于相机的焦距 $F_1a_1=F$,$a_1c_1=x_1$,$c_1n_1=y_1$。

对于第二张照片,可以得到同样的结论。根据相似三角形的性质,可得:

$$\frac{A_1C}{x_1}=\frac{A_1F_1}{F}=\frac{CF_1}{F_1c_1}=\frac{CN}{y_1},$$
$$\frac{A_2C}{x_2}=\frac{A_2F_2}{F}=\frac{CF_2}{F_2c_2}=\frac{CN}{y_2}$$

Chapter 4
路途中的几何学

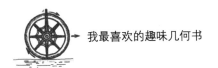

怎样步测距离

当我们在铁路边或公路上散步时，也会碰到需要用几何学知识来解决问题的时候，且运用起来颇为有趣。比如，我们可以利用公路来测量出自己的步幅和速度。今后再遇到测量距离的问题，我们完全能用自己的脚去丈量。只要多做几次，就能很熟练地运用这一技巧。这个技巧也很简单，那就是，不管在什么时候，我们总能保持一定的步行速度和步幅大小。

公路上每隔100米的距离就会有一个路标，我们可以按照自己平常的速度和步幅走完这100米的距离，看看走了多少步，用了多长时间。你可以每年测量一下这个数值，因为每过一段时间，步幅和速度都有可能会发生变化，特别是对于未成年人来说。

经过多次这样的实验，我们就能得出一个结论：一个普通成人的平均步幅，也就是每一步的长度，等于他的眼睛距离地面高度的一半。也就是说，如果你的眼睛跟地面的距离是160厘米，那么你的步幅大约就是80厘米。不信的话，你可以自己测量一下。

前面我们还提到了步行的速度，这一数值很多时候会给我们带来很大的帮助。多次实验得出的结论是，一个人每小时走过的距离（单位为千米），刚好跟他在3秒钟的时间里走的步数相等。也就是说，如果一个人在3秒的时间里走了4步，那么他每小时的速度就是4千米。当然，这里每一步的长度是在某个特定范围内的，我们可以把这个长度计算出来。

假设每一步的长度是 x 米，在3秒的时间里走的步数用 n 表示，那么：

$$\frac{3600}{3} \times n \times x = n \times 1000$$

即：$1200 \times x = 1000$

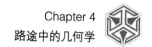

所以：

$$x=\frac{5}{6}（米）$$

即 80～85 厘米。这样的步幅已经算比较大的了，只有个子比较高的人才能达到这样的步幅。如果你的步幅没这么大，你也可以用其他办法来测量步行的速度。比如，用一只秒表计时，看你在两个路标间走了多长时间，然后计算出步行的速度。

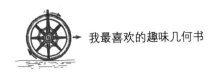

目测练习

测量距离的方法有很多,不使用卷尺和脚步丈量的话,用眼睛也可以直接估计出来,这就是目测法。不过,我们必须长期练习,才能估计得比较准确。这种方法很有意思,我上学的时候,经常跟同学比赛,看谁估计得最准确。有时,我们去郊游,只要到了视野开阔的公路上,就会进行这样的比赛。

我们先从远处找一棵树,然后问:"你说那棵大树离我们有多少步?"

同学们会分别说出一个数字,然后一起测量,最后看谁说的数字与真实值最接近,谁就是胜利者。接着,再由他指定另一棵树,继续比赛。每次比赛中,胜者计1分,一共猜10棵树,最后计算每个人所得的分数,得分最高的就是冠军。

最初,大家估计的数字跟实际值差得很远,但是几次之后,慢慢掌握了目测的技巧,估计出的数值就颇为准确了。

可如果地形比较复杂,比如在旷野中,树林比较稀疏;或者在晚上,光线比较昏暗;或者在布满灰尘的街道上,误差还是很大的。之后,在这样的环境中,我们又进行了几次比赛,最后竟然也能估计得比较准确了。再后来,无论是在什么样的环境下,我们每个人都可以估计得比较准确了。

当这个比赛没有了挑战性之后,我们也逐渐对它失去了兴趣。但这个比赛帮助我们练就了一双好眼力,对以后的郊外旅行起了很大的作用。

还有一点很有趣,这种能力跟视力没有任何关系。我记得,当时有一个同学是近视,可他在目测能力方面并不比那些视力正常的同学差,甚至有时比他们做得还好。相反,有一个视力正常的同学,不管他怎么努力,都很难掌握这门技巧。后来,我们还用目测法来测量大树的高度，也估计得非常准确。参加工作之后，我也经常发现这样的现象，近视的人在目测方面的能力一点儿也不比那些视力正常的人差。所以，如果读者朋友是近视的话，也不用担心，一样可以训练出这种能力来。

这种能力可以在任何时候、任何季节里进行训练。比如，当你在马路上时，可以试着目测一下前方的路灯或者垃圾桶有多远；当你一个人无聊的时候，用这种方式也能消磨时间，并顺带训练目测能力。

在军队中，这种能力是优秀的侦察员、炮手必备的技能。他们在日常训练中，总结了很多方法和技巧。在这里，我们从他们的教程中摘录了一部分：

测距离的判断，可以依据不同距离上物体的清晰程度，也可以依据眼睛的习惯，在100步到200步之内，距离越远，物体显得就越小。如果根据物体的清晰程度进行判断，需要注意以下几点：

如果光线较好，或物体的颜色比背景颜色突出，或物体的位置较高，或是成群的物体，它们看起来都会比较大。下面这些数据可以作为参考：

50步之内，可以看清人的双眼和嘴巴。

100步之内，人的双眼只是一对黑点。

200步之内，可以辨清军装上的纽扣。

300步之内，可以辨认人脸。

400步之内，可以看清人的脚步。

500步之内，可以看清服装是什么颜色。

利用上面的数据，视力非常好的人的目测距离误差可以控制在10%之内。

在下面的情形下，误差会变大。

第1种情况：在一片平坦的地面上，整个环境的颜色差异很小。比如，在宽阔的河面（湖面）上或是沙漠里，或者在一望无垠的草原上，目测距离比真实值要小，误差可达1倍，甚至更多。

第2种情况：目测的物体下端被铁轨的路基、小丘陵、或者其他突出物遮挡，误差也会变大，如图-74所示。此时，人们通常会误认为物体在突起物之上，而不是在它后面，所以目测出的距离比实际距离要小。

在上面提到的这些情况下，目测法的准确性会受到很大影响。此时，就需要采取其他方法测量距离。后面，我们还会介绍一些其他的方法。

图-74 丘陵后面的一棵树,看起来离得很近。

铁轨的坡度

如果你曾经沿着铁轨的路基走过，肯定看到过标有千米数的路标。回想一下，你看到过如图-75所示那样的牌子吗？上面的数字是什么意思呢？

其实，图中的牌子是铁路上的"坡度标志"。

我们先来看一下图中左边的指示牌，图上面的"0.002"的意思是，在这一路段上铁路的坡度是"0.002"，也就是说，在这段路中，每隔1000毫米，路轨会抬高或降低2毫米。下面的数字"140"的意思是，在这段路上140米的范围内，路轨的坡度都是0.002。到了140米尽头，会有另一个指示牌表明下一段路上的坡度。右边的指示牌表示，在前方55米，每隔1000毫米，路轨会抬高或降低6毫米。

学会了读"坡度标志"，就能通过上面的数值计算出两个标志之间铁轨的

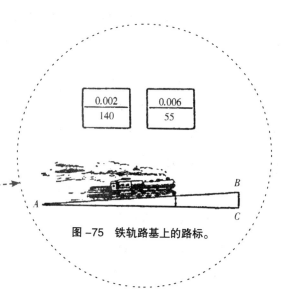

图-75 铁轨路基上的路标。

高度差了。比如，对于左边的指示牌，高度差是：0.002×140=0.28（米）

对于右面的指示牌，高度差是：0.006×55=0.33（米）

从这里可以看出，铁路上的坡度大小并不是用度数来表示的，但我们可以把它换算成度数。在图-75中，假设 AB 是铁轨，BC 是点 A 和点 B 之间的高度差，那么铁轨 AB 对于水平线 AC 的坡度就是 $\frac{BC}{AC}$。从图中可以看出，角 A 很小，可将 AB 和 AC 视为一个圆的半径，BC 视为这个圆上的一段弧。由坡度 $\frac{BC}{AC}$

的大小，就可以计算出角A的大小了。

回到题目中，如果坡度是0.002，可知当弧长正好是半径的 $\frac{1}{57}$ 时，这个角等于1°。这里的半径是0.002，我们用 x 表示这个角的大小，那么，可以得到下面的比例关系：

$$x : 1 = 0.002 : \frac{1}{57}$$

所以，$x = 0.002 \times 57 \approx 0.11°$

也就是大约7′。

其实，铁路线上所允许的坡度是极小的，通常都要小于0.008。如果把它换算成度数，也就是 $0.008 \times 57 \approx 0.5°$。也就是说，铁路的坡度的极限是0.5°。也有一些铁路，由于地形的原因，把这个坡度极限改为了0.025，如果换算成度数，就是1.5°左右。

我们根本感觉不到如此小的坡度，如果是步行的话，只有当脚下路面的坡度大于 $\frac{1}{24}$ 的时候，才能感觉得出来。如果换算成度数，就是 $\frac{57}{24}°$，也就是大约2.5°。

如果我们沿着铁路走很远的路，比如几千米，并把这段路上的所有坡度标志抄下来，那我们就可以根据这些坡度，计算出这段路总的起伏情况，也就是起点和终点的高度差。

【题目】 在一段铁路上，你从第一块标出为"升高 $\frac{0.004}{153}$"的坡度指示牌开始，一共走过了下面的几块指示牌：

平	升	升	平	降
$\frac{0.000}{60}$	$\frac{0.0017}{84}$	$\frac{0.0032}{121}$	$\frac{0.000}{45}$	$\frac{0.004}{210}$

如果这些指示牌是依次经过的，并在走到最后一块指示牌时停住，那么你一共走过了多远的距离？起点和终点的高度差是多少？

【解答】 根据上面的指示牌，走过的长度就是：

153+60+84+121+45+210=673（米）

升高的高度是：

$0.004 \times 153 + 0.0017 \times 84 + 0.0032 \times 121$

≈ 1.15（米）

降低的高度是：

$0.004 \times 210 = 0.84$（米）

所以，终点比起点升高的高度是：

1.15−0.84=0.31（米）

如何测算一堆碎石的体积

生活中处处都藏着几何学的知识，比如，公路边的一些碎石子的体积是多大？这也是几何学上的问题。因为我们长期习惯在纸上或黑板上计算这类问题，所以对于这样的问题，总是需要费一些脑筋才能计算出来。这是一个圆锥体的体积计算问题，可我们无法直接测量出它的高和底面积，只能用一些间接的方法得到。

首先，可以用卷尺测量出它的底面周长，继而得出底面半径。其次，来求一下它的垂直高度。如图-76所示，先测量出它的侧面高度，即斜坡的长度AB。然后，根据前面得出的底面半径，构造三角形，计算出它的高度。下面，我们就来计算一个这样的问题。

【题目】 一堆碎石的形状是圆锥体，它的底面周长是12.1米，两边的侧面高度是4.6米，那么这堆碎石头的体积是多大？

【解答】 根据已知条件，碎石堆底面的半径就是：

$$\frac{12.1}{2 \times 3.14} \approx 1.9 （米）$$

碎石堆的高度：

$$\sqrt{2.3^2 - 1.9^2} \approx 1.2 （米）$$

碎石堆的体积：

$$\frac{1}{3} \times 3.14 \times 1.9^2 \times 1.2 \approx 4.5 （立方米）$$

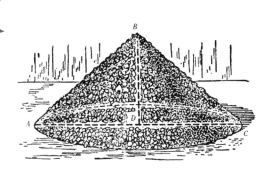

图-76 一堆碎石。

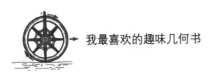

"骄傲的山丘"有多高

每当看到一堆沙石或碎石头时,我都会想起普希金写过的一首史诗《吝啬的骑士》,其中有这么一段描写:

我曾在一个地方看到过,

一位国王命令他的军队,

每人抓一把土来堆成一个雄伟的土丘,

骄傲的土丘被堆了起来,

国王站在它的上面高兴地远望,

那被白色的天幕覆盖的山谷,

以及疾驶着轮船的汪洋。

这首诗看似在描写真实的情况,但其实是无法实现的。我们可以用几何学的知识来证明,是不可能堆成这样一个土丘的,最终呈现在他的面前的,可能只是一个可怜的小土堆,而且它会特别的小,任何幻想家都不可能把它夸张为"骄傲的土丘"。

我们可以粗略地计算一下:古时候的国王最多能拥有多少士兵呢?

古代的军队数目不像现在这么多,十万大军就是一支了不起的军队了。我们不妨假设国王的军队就是这么庞大。也就是说,土丘是由100000把沙土堆成的。那么,请读者自己试一下:抓一大把土放到玻璃杯里,你可能会发现,无论你这把土有多少,都很难把玻璃杯装满。假如每个士兵手里土的体积是$\frac{1}{5}$升,这里1升=1000立方厘米。这些士兵堆出的沙土体积是:

$$100000 \times \frac{1}{5} = 20000 \text{升} = 20 \text{(立方米)}$$

这么多人最后堆成的土丘,如果将其视为一个圆锥体的话,它的体积不会超过20立方米。这个体积肯定会让国王感到失望。我们可以再来计算一下这个土丘的高度,也就是圆锥体的高度,需要知道它的侧高和底面所成的夹角。这里我们采用自然形成的堆角,也就是45°。这个角度不可能再大了,否则土会

向下滑。在实际情况下,角度可能会比这个还要小。那么,这个圆锥体的高就等于它底面的半径。即:

$$20=3.14 \times \frac{x^3}{5}$$

$$x \approx 2.7 \text{(米)}$$

高度为 2.7 米的土丘,如何能称为"骄傲的土丘"?所以,这首诗只能是幻想。如果土丘的倾斜角再小一些,也就是堆得再扁平一些,高度更无法达到 2.7 米。

根据历史学家的估计,古代的阿提拉王拥有 70 万之多的士兵。我们假设这支大军全部都去堆这个土丘,最后堆成的土丘也不会太高。我们不妨计算一下:这个土堆的体积是刚才那个的 7 倍,那么它的高度就是刚才那个的 $\sqrt{7}$ 倍,也就是大概 1.9 倍。所以,这个土丘的高度就是:

$$2.7 \times 1.9 = 5.1 \text{(米)}$$

我想,一个仅有 5 米高的土丘,对于追求虚荣的阿提拉王来说,根本入不了他的眼。不过,从这些所谓的"高峰"上,当然可以看到"那被白色的天幕覆盖的山谷",可如果想看到海洋的话,只有一种情况,那就是土丘正好在海边。

公路的转弯有多大

无论是铁路还是公路，转弯的时候，弯度都不会很大，更不会突然转变方向，只会慢慢地转向。一般情况下，转弯处的曲线刚好是跟两边道路相切的圆上的一段弧。如图-77所示，公路的 AB 和 CD 两段都是直线部分，而 BC 是一段弧线，且分别在点 B 与点 C 处跟 AB 和 CD 相切。因此，AB 垂直于半径 OB，CD 垂直于半径 OC。这样设计，为的是让整段路圆滑一些，缓慢地变换方向，从直线到曲线再到直线。

通常，转弯处的半径都比较大，尤其是在铁路上，基本上要大于 600 米。在一些主要的铁路干线上，比较常见的转弯半径是 1000～2000 米。

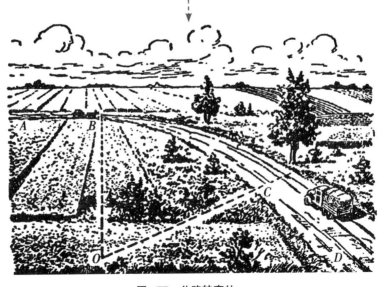

图-77 公路转弯处。

铁路转弯半径的计算

如果你刚好站在一条公路的转弯处，你能测出它的半径吗？

这个相比纸上的弧线半径而言要复杂一些，如果是在纸上，很容易解答：只需要从两条任意的弦的中点分别作一条垂线，垂线的交点就是这一段圆弧的圆心。从圆心到曲线上任意一点的距离就是所求的半径。

然而，对于公路而言，却无法轻易地作出图来。因为公路曲线的中心可能在转弯处1000～2000米之外，经常没有办法实地测量。不过，我们也可以把它画到纸上来求解，只是稍微复杂点。

下面，我们介绍一种方法，根本不需要画图，就能直接计算出公路的半径。如图-78所示，在这段弧线上取任意两点 C 和 D，并连接点 C 和点 D，测量出 CD 和 EF 的长度（EF 是弧形 CED 的高度）。根据这两个数值，就能计算出圆弧半径的长度。

把线段 CD 和过圆心 O 的直径看作两条相交的弦，那么：

$$\frac{a^2}{4}=h(2R-h)$$

这里的 a 表示弦 CD 的长，h 是 EF 的长度，也就是弧形 CED 的高度，R 是圆弧的半径。

所以，我们有：

$$\frac{a^2}{4}=2Rh-h^2$$

所以，圆弧的半径是：

$$R=\frac{a^2+4h^2}{8h}$$

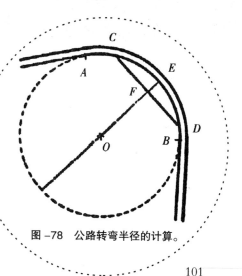

图-78　公路转弯半径的计算。

如果 h=0.5 米，弦 CD 长 48 米，那么半径就是：

$$R = \frac{48^2 + 4 \times 0.5}{8 \times 0.5} \approx 580 \text{（米）}$$

上面的式子还可以简化一下。在实际情况下，h 跟 R 相比要小得多。h 通常是几米，而 R 是几百米，所以可以用 2R 代替 2R−h。这样，我们就可以得到一个更简便的计算公式：

$$R = \frac{a^2}{8h}$$

如果把刚才的数值代入上面的公式，得到的结果是一样的，也是 R≈580 米。

得出了曲线的半径，即可知道这段公路曲线的圆心在弦的中点的垂线上。于是，我们还可以找到这段曲线圆心的位置。假设这是一段铁路，上面铺有铁轨，要计算它的弯路半径就不难了。

最简单的办法就是，如图 −79 所示，找一条绳子，把它拉直，使它跟内侧的铁轨相切，就得到了外侧铁轨的一根弦，h 正好是两根铁轨之间的距离。假设两根铁轨之间的距离是 1.52 米，弦长是 a，那么这段曲线的半径就是：

$$R = \frac{a^2}{8h} = \frac{a^2}{8 \times 1.52} = \frac{a^2}{12.2}$$

如果 a=120，则这段曲线的半径大约是 1200 米。

然而，这种方法在现实生活中并不是很实用，因为绳子需要足够长才可以。

图 −79　铁路转弯处半径的计算方法。

海底是平的吗

我们刚刚谈完铁路,现在突然说到海底,可能会让一些读者感到意外,这两者之间有什么联系呢?实际上,它们在几何学上的联系非常密切。

我们这里说的是海底的弯度,究竟是什么形状的呢?是凹下去的,还是平的,或者是凸起来的?很多人恐怕会觉得奇怪,大洋那么深,它肯定是凹下去的!可如果看了接下来的分析,你就会发现,海底非但不是凹下去的,反倒是向上凸起来的。我们经常认为大海"无边无底",但其实它"无边"的程度比"无底"大得多,甚至有几百倍。也就是说,大海实际上是面积非常大的一层水,且随着地球表面的变化,这层水也跟着发生了一些弯曲。

我们以大西洋为例,在接近赤道的地方,它的宽度大约占赤道周长的$\frac{1}{6}$。如图-80所示,图中的圆周代表赤道,弧线ACB代表大西洋的洋面。在这里,我们假设海底是平的,那么这个深度就等于弧线ACB的高CD,前面提到过,弧线ACB的长度是圆周的$\frac{1}{6}$,所以弦长AB实际上就是内切正六边形的边长,正好等于这个圆周半径的长度。根据前面一节的结论,我们很容易求出CD的大小。

根据$R=\frac{a^2}{8h}$,可以得到:
$$h=\frac{a^2}{8R}$$

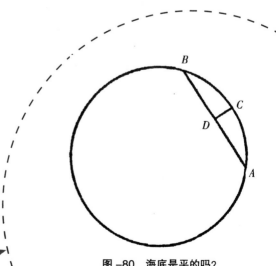

图-80 海底是平的吗?

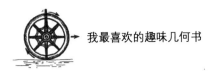

这里的 $a=R$，所以：

$$h=\frac{R}{8}$$

众所周知，地球的半径是6400千米，所以：

$$h=800 （千米）$$

通过计算可知，如果大西洋底是平的，那么它最深的地方应该是800千米。但其实，大西洋最深的地方还不到10千米。所以，大西洋的底面并不是平的，而是凸起来的，只是跟洋面比起来，凸起的程度要小些。

其他大洋的情况也是如此，洋底都是凸起来的。所以，在洋底上看来，地球的整体形状仍然是球形。从道路转弯处的半径公式，我们可知，水面越阔，底部凸起就越明显。

根据公式 $h=\frac{a^2}{8h}$，我们可以得出，大洋的深度 h 跟洋面阔度 a 的平方成正比。随着洋面阔度 a 的增加，大洋的深度增加得非常快。但实际上，随着洋面的扩大，它的深度并没有增加那么多。比如，洋面增加了100倍，可它的深度并没有增加 $100 \times 100 = 10000$ 倍。所以，较小的海要比大洋的底平一些。比如，黑海在克里米亚和小亚细亚之间，它的底面并不像大洋的底部那样是凸起来的，也不是平的，而是凹下去的。黑海海面形成了一个向下的弧线，这个弧度大概是2°，也就是地球圆周的 $\frac{1}{170}$。而且，黑海的深度平均是2.2千米，如果把它的弧线跟弦相比，就知道它的海底是平的，最深的地方是：

$$h=\frac{40000^2}{170^2 \times 8R}=1.1 （千米）$$

由此可见，黑海的海底比从两岸拉起来的直线低下去了1千米，也就是说，黑海的海底不是凸起来的，而是凹下去的。

"水山"真的存在吗

我们可以用前面计算铁路转弯半径的公式来解答这个问题。其实，在刚才的题目中，我们已经得到了准确的答案："水山"是存在的，只不过这种"存在"是几何学上的解释，而不是物理学上的概念。从某种程度上来讲，每一片海洋、每一个湖泊，都是一座"水山"。当我们站在水边的时候，在我们跟对岸的某一点间，水面是凸起的，且湖面越宽凸起的程度越明显。

我们可以利用公式求出这个凸起面的高度：

$$h = \frac{a^2}{8R}$$

公式中，a 是两岸的直线距离，可用湖的宽度来代替。假设湖的宽度是 100 千米，那么这座"水山"的高度就是：

$$h = \frac{100^2}{8 \times 6400} \approx 200 \text{（米）}$$

瞧，这座"山"还挺高的呢！

就算湖的宽度只有 10 千米，跟两岸间的直线相比，它的"山峰"也有 2 米多高，比一个普通人的身高还要高出不少呢！那么，我们能否把凸起的水面叫"水山"呢？

从物理学上来说，这是不可以的，因为它没有高出水面，依然是一片"平面"。如图-81 所示，倘若把两岸间的直线 AB 看成是水平的，把 ACB 看成是高出水平面的弧线，这是错误的。因为，这里的水平线不是 AB，而是 ACB。也就是说，我们以为的直线 ADB 其实是凹下去的，AD 是向下倾斜的，到了 D 又向上升起到 B，D 是 AB 的最低点。如果沿着 AB 修一条管子，并在点 A 放一个铁球，在惯性的作用下，球会滚到点 B，到了点 B 后不会停住，而是返回来，经过点 D，到达点 A，然后不停地滚来滚去。如果管子的内壁足够光滑，铁球跟管子之间没有摩擦力，管子里也没有任何空

图-81 "水山"。

气,铁球就会在点 A 和点 B 之间永远地滚下去。

虽然从几何学上来说,ACB 是一座"山",可从物理学上来说,它只是一块"平地"。

Chapter 5
不用工具和函数表的三角学

正弦值的计算方法

这一章我们要学习的是只根据正弦函数的概念，不用公式和函数表，来计算出任何一个三角形的边长，并且精确到2%，内角的计算可以精确到1°。比如，郊游的时候，身边没有函数表，且忘记了计算的公式，就可以用这里的方法。如果鲁滨孙也知道这种方法，他遇到的许多问题都可以迎刃而解了。

现在，假定你没有学过三角学，或是学过已经忘记了。我们先从最简单的开始：在一个直角三角形中，其中一个锐角的正弦值该如何计算呢？其实，它就等于直角三角形中这个角的对边跟三角形的弦的长度之比。比如，在图-82 a中，角 A 的正弦就是 $\frac{BC}{AB}$，或者 $\frac{ED}{AD}$，或者 $\frac{E'D'}{AD'}$，或者 $\frac{B'C'}{AC'}$。利用相似三角形的性质，我们可知，它们都是相等的。

如果没有函数表，从 1° 到 90° 各个角度的正弦值该如何计算呢？方法也很简单：我们可以自己编一个函数表。在几何学中，我们已经知道一些正弦值的角度，比如，如果角度是 90° 的话，它的正弦值等于1，那么 45° 角呢？根据勾股定理，也可以计算出，它的正弦值

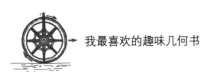

图-82 直角三角形中一个锐角的正弦函数

等于 $\frac{\sqrt{2}}{2}$，也就是 0.707。如果是 30°，这个角对应边的长度等于直角对应边的一半，所以它的正弦值就是 $\frac{1}{2}$。这三个角的正弦值就是下面的式子：

sin30°=0.5

sin45°=0.707

sin90°=1

当然，如果只知道这三个角的正弦值，要想解答几何学上的题目，是远远不够的，我们还需要知道中间一些角的正弦值。如果这个角的角度很小，在计算时可以利用弧长跟半径的关系来代替对边和弦，这样可缩小误差。

在图 -86b 中，我们可以看到，$\frac{BC}{AB}$ 和 $\frac{BD}{AD}$ 相差很小，而后面这个比值很容易计算出来。比如，1° 角对应的弧长 BD 是 $\frac{2\pi R}{360}$，所以，sin1° 可以用下面的式子计算：

$$\sin 1° = \frac{\frac{2\pi R}{360}}{R} = \frac{\pi}{180} \approx 0.0175$$

用同样的方法，我们可以得出：

sin2°=0.0349

sin3°=0.0523

sin4°=0.0698

sin5°=0.0872

不过，需要指出的是，这一方法只适用于角度较小的正弦值求法，如果角度较大，误差就会增加了。比如，我们用这个方法来求 sin30°，那么得出的正弦值就是 0.524 而不是 0.500，此时的误差是 $\frac{24}{500}$，已经达到了 5%。

用这种方法，我们来计算一下它的界限。如果用精确的方法计算 sin15° 的值。如图 -83 所示，我们做一个这样的图。假设 $\sin 15° = \frac{BC}{AB}$，延长 BC 到点 D，使 CD=BC，连接点 A 和点 D，△ADC 和 △ABC 是全等三角形，且∠BAD 等于 30°。再从点 B 引一条垂线 BE 相交于 AD，则 △BAE 是直角三角形。其中，∠BAE 等于 30°，所以 $BE = \frac{AB}{2}$。

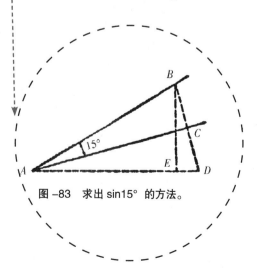

图 -83 求出 sin15° 的方法。

根据勾股定理，我们可以根据下面的式子求出 AE：

$$AE^2 = AB^2 - BE^2$$
$$= AB^2 - \left(\frac{AB}{2}\right)^2$$
$$= \frac{3AB}{4}$$
$$AE = \frac{\sqrt{3}}{2}AB$$
$$\approx 0.886AB$$

所以：

$$ED = AD - AE = AB - 0.886AB = 0.134AB$$

在 △BED 中，我们有：

$$BD^2 = BE^2 + ED^2 = \left(\frac{AB}{2}\right)^2 + (0.134AB)^2$$
$$\approx 0.268AB^2$$

$$BD = \sqrt{0.268AB^2} \approx 0.518AB$$

而 BC 的大小是 BD 的一半，也就是 0.259AB，所以，我们可以得到：

$$\sin 15° = \frac{BC}{AB} = \frac{0.259AB}{AB} = 0.259$$

在函数表中，sin15° 的值就是这个数值，如果用刚才的方法，得到的数值是 0.262，取前两位数的话就是 0.26。与 0.259 比起来，这个数值的误差是 $\frac{1}{259}$，也就是大约 0.4%。因此，如果角度在 1° 至 15° 之间，都可以用这一方法计算它们的正弦值。如果角度在 15° 到 30° 之间，它们的正弦值可以用比例关系来计算。

比如，sin30° 和 sin15° 的差值是 0.5−0.26=0.24，我们可以认为，角度每增加 1°，正弦值就会相差这个数的 $\frac{1}{15}$，也就是 $\frac{0.24}{15}$=0.016。从严格意义上说，这个关系并不精确，但是误差常常体现在第三位小数上，而我们平时只取前两位小数，所以依然可以满足我们的要求。

根据这个方法，我们可以得到：

sin16°=0.26+0.016≈0.28

sin17°=0.26+0.032≈0.29

sin18°=0.26+0.048≈0.31

sin25°=0.26+0.16≈0.42

……

上述的这些数值中，前两位小数都是准确的，完全能够满足我们的要求，与真实值相比，它们的误差都小于 0.005。如果角度在 30° 至 45° 之间，也可以这样计算。

我们知道，sin45°−sin30°=0.707−0.5=0.207。把它除以 15，等于 0.014。把它分别加到 30° 的正弦值上，我们可以得到：

sin31°=0.5+0.014≈0.51

sin32°=0.5+0.028≈0.53

sin40°=0.5+0.14≈0.64

……

这样，我们就得到了 45° 以下角度

的正弦值了。根据勾股定理，可以求出大于45°的锐角的正弦值。比如，要求出 sin53° 的值，也就是图-84中 $\dfrac{BC}{AB}$ 的值。在图-88中，角 B 等于37°，利用前面的方法，我们可以得出它的正弦值是 0.5+7×0.014 =0.6，而 $\sin37°=\dfrac{AC}{AB}$，也就是 $AC=0.6AB$，那么，BC 的长度就是：

$$BC = \sqrt{AB^2 - AC^2}$$
$$= \sqrt{AB^2 - (0.6AB)^2} \approx 0.8AB$$

所以：

$$\sin53° = \dfrac{BC}{AB} = \dfrac{0.8AB}{AB} = 0.8$$

只要会开平方根，这样的计算就变得很简单。

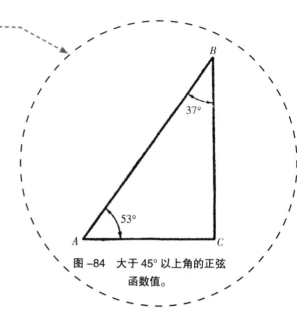

图-84 大于45°以上角的正弦函数值。

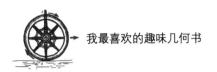

不用函数表开平方根

在代数课本中,我们学过开平方根的方法,但是不太好记。其实,不用代数上的方法,我们也能开出平方根。下面,我们就介绍一个古老的方法,它可以很容易开出平方根来,比代数课本上介绍的方法简便很多。

假设我们要计算 $\sqrt{13}$ 的值。我们知道,它在 3 和 4 之间,也就是等于 3 跟一个分数的和。我们假设这个分数是 x,即:

$$\sqrt{13}=3+x$$

也就是:

$$13=9+6x+x^2$$

由于 x 是一个很小的分数,它的平方是一个更小的数,可以舍去,即有:

$$13=9+6x$$

所以:

$$6x=4$$

$$x\approx 0.67$$

这就是说,$\sqrt{13}$ 的近似值是 3.67。如果我们想更精确一些,还可以继续往下计算:

$$\sqrt{13}=3.67+y$$

则:

$$13=13.47+7.34y+y^2$$

这里的 y^2 也是一个很小的分数,所以它的平方更小,把它舍去,得到:

$$13=13.47+7.34y$$

所以:

$$y\approx -0.06$$

$\sqrt{13}$ 的近似值就是 3.67−0.06=3.61。

如果继续计算下去,可以得到更精确的值。我们利用代数课本中的方法,若只取前两位小数的话,得到的数值也是 3.61。

由正弦值计算角度

通过前面的学习，我们能够计算出 $0°\sim 90°$ 角的正弦值，且是保留两位小数的数值。今后再遇到锐角正弦值的计算时，我们就可以不用查函数表计算出来了。有时，我们还可以反过来，在已知一个角度的正弦值的情况下，求出这个角的度数，方法也很简单。

【题目】　计算正弦值为 0.38 的角的大小。

【解答】　显然，这个值小于 0.5，它这个角度肯定在 $0°\sim 30°$ 之间，且大于 15°。我们知道，$\sin 15°=0.26$。根据前一节中的原理，可知：

$$0.38-0.26=0.12$$
$$\frac{0.12}{0.016}=7.5°$$
$$15°+7.5°=22.5°$$

所以，这个角的大小是 22.5°。

【题目】　已知一个角的正弦值是 0.62，请问这个角是多少度？

【解答】　$0.62-0.5=0.12$
$$\frac{0.12}{0.014}=8.6°$$

所以，这个角是 38.6°。

【题目】　一个角的正弦值是 0.91，这个角是多少度呢？

【解答】　这个值介于 0.71 和 1 之间，根据这一特点，这个角应该在 $45°\sim 90°$ 之间。如图-85 所示，假设 $AB=1$，BC 就是这个角的正弦值，即 0.91。角 B 的

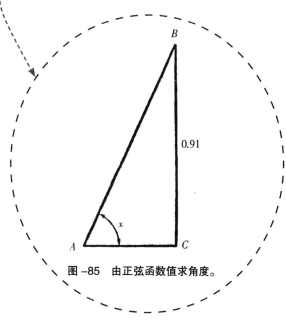

图-85　由正弦函数值求角度。

正弦值就是：

$$AC=\sqrt{AB^2-BC}=\sqrt{1^2-0.91^2}=0.42$$

只要求出正弦值是0.42的角度，就能利用三角形的内角和关系，求出角A的大小。

0.42介于0.26~0.5，因此角B在15°~30°。角B可以用下面的式子计算：

$$0.42-0.26=0.16$$

$$\frac{0.16}{0.016}=10°$$

角B等于15°+10°=25°，角A等于90°减去角B，

即：

$$90°-25°=65°$$

通过前面的学习，我们不仅能根据角度计算出它的正弦值，还能根据一个角的正弦值大小计算出这个角的度数。不过，我们刚才学的只是正弦值及其对应角度大小的求法，倘若是其他的三角函数呢？下面，我们会举一些例子，来说明一个问题：在简单的三角学中，只知道正弦值就足够了。

太阳的高度是多少

【题目】 如图-86所示,木杆 AB 的高度是 4.2 米,它的阴影 BC 的长度是 6.5 米,此时太阳的高度是多少?也就是∠C 是多少度?

【解答】 这个问题并不难,从图中可见:

∠C 的正弦值是 $\dfrac{AB}{AC}$,而

$AC = \sqrt{AB^2 + BC^2} = \sqrt{4.2^2 + 6.5^2} \approx 7.74$

所以,∠C 的正弦值等于:

$\dfrac{4.5}{7.74} = 0.55$

根据前面的方法,可以得出,∠C 等于 33°。也就是说,太阳的高度是 33°,这里精确到了 0.5°。

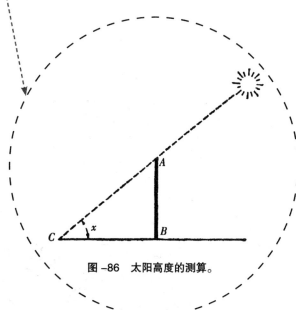

图-86 太阳高度的测算。

到小岛的距离

【题目】 如图-87所示，你正在一条小河边散步，忽然发现前面有个小岛A，你身上只有一个指南针，怎样才能求出点B到小岛点A的距离呢？

利用指南针，我们可以测出∠ABN的大小，还可以画出AB和南北方向（SN）。测量出BC的长度，就能得到BC跟SN的夹角CBN的大小。同样，在点C求出∠BCN的大小。假设通过计算，得出以下数据：

直线AB在SN偏东52°，直线BC在SN偏东110°，直线AC在SN偏西27°，BC=187米。

那么，要如何计算AB的长度呢？

【解答】 根据前面的计算，在△ABC中，BC=187米，∠ABC=110°-

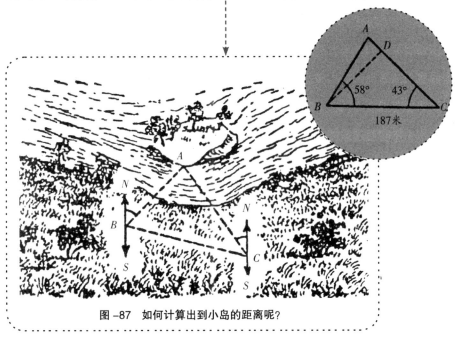

图-87 如何计算出到小岛的距离呢？

$52°=58°$，$\angle ACB=180°-110°-27°=43°$。

如图-91右图所示，作△ABC的高BD，则有 $\sin C = \sin 43° = \dfrac{BD}{187}$，根据前文中介绍的方法，可以求出：

$$\sin 43° = 0.68$$

$$BD = 187 \times 0.68 \approx 127$$

而 $\angle BAC = 180° - 58° - 43° = 79°$，在△ABD中，$\angle ABD = 90° - 79° = 11°$，$\sin 11° = 0.19$，所以 $\dfrac{AD}{AB} = 0.19$，根据勾股定理，可得：

$$AB^2 = BD^2 + AD^2$$

根据前面的分析，$BD=127$，再把上式中的 AD 用 $0.19AB$ 代入，有：

$$AB^2 = 127^2 + (0.19AB)^2$$

$$AB \approx 129$$

所以，点 B 到小岛点 A 的距离约是129米。

我们还可以用同样的方法，求出 AC 的长度，读者们不妨自己试试看。

湖水的宽度

【题目】 如图-88所示,这是一个湖,在点C处用指南针测得下列的数据:直线CA在SN偏西21°,直线CB在SN偏东22°,AC=35米,BC=68米,请问湖水的宽度AB是多少?

【解答】 在△ABC中,∠ACB=21°+22°=43°,AC=35米,BC=68米,作AD垂直于BC,则$\sin 43°=\dfrac{AD}{AB}=0.68$,所以:

$$AD=0.68\times AC\approx 24$$

根据勾股定理,我们有:

$$CD^2=AC^2-AD^2=35^2-24^2=649$$

$$CD\approx 25.5$$

$$BD=BC-CD=68-25.5=42.5$$

在△ABD中,由勾股定理,有

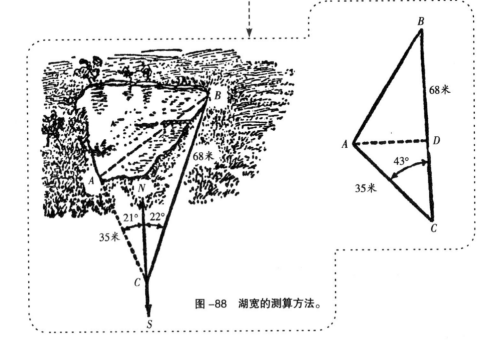

图-88 湖宽的测算方法。

$AB^2=AD^2+BD^2=24^2+42.5^2 \approx 2380$

$AB \approx 49$

湖水的宽度大概是49米。

如果还需要计算△ABC另外两个内角的大小，可以在求出AB的值后，按下面的方法计算：

$\sin B = \dfrac{AD}{AB} = \dfrac{24}{49} = 0.49$

根据前面的方法，得出角B=29°。

根据三角形内角和等于180°，可以得出角A的大小：

$\angle A=180°-29°-43°=108°$

偶尔，在三角形的求解中会遇到内角大于90°的情况，这时该如何求解呢？

如图-89所示，∠A是一个钝角，已知它的大小和与它相邻两个内角的大小。

这个问题的计算方法与前面类似，只是这里作的垂线BD在三角形的外面，也就是在CA的延长线上，利用△BDA，求出BD和AD的大小，DC=DA+AC，可得出DC的大小，继而算出BC，而得出$\sin B=\dfrac{BD}{BC}$。

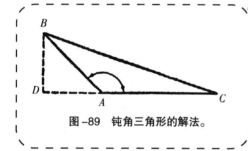

图-89 钝角三角形的解法。

三角形区域的测算

【题目】 旅行的时候，我们用脚步测量出了一个三角形区域各个边的长度，分别是43、60、54步，请问这个三角形的三个内角分别是多少？

【解答】 相比而言，在三角形问题的求解中，依据三个边的长度计算三个内角的大小，这类题目算是比较难的。但是，这并非代表没有办法解答。在这里，我们只用正弦，不用其他的三角函数，同样能把这个问题解答出来。

如图-90所示，在三角形 ABC 中，

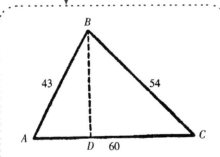

图-90 尝试用计算的方法和使用量角器求图中三角形各角的值。

作 BD 垂直于 AC，那么：

$$BD^2 = 43^2 - AD^2,$$
$$BD^2 = 54^2 - DC^2$$

所以：

$$43^2 - AD^2 = 54^2 - DC^2$$
$$DC^2 - AD^2 = 54^2 - 43^2 \approx 1070$$
$$DC^2 - AD^2 = (DC+AD)(DC-AD)$$
$$= 60(DC-AD) = 1070$$
$$DC - AD = \frac{1070}{60} \approx 17.8$$

所以：

$$DC + AD = 60$$

两边相加，有：

$$2DC = 77.8, \quad DC = 38.9$$

三角形的高 BD 为：

$$BD = \sqrt{BC^2 - DC^2} = \sqrt{54^2 - 38.9^2} \approx 37.4$$

所以：

$$\sin A = \frac{BD}{AB} = \frac{37.4}{43} = 0.87$$
$$\angle A \approx 60°$$
$$\sin C = \frac{BD}{BC} = \frac{37.4}{54} = 0.69$$

$$\angle C \approx 44°$$

$$\angle B = 180° - 60° - 44° = 76°$$

刚刚我们只是粗略地进行了计算，倘若利用三角学的知识来求解，可以精确到几分几秒，可即便用这种精确的计算方法，得出的结果也未必是准确的。

因为这个三角形的边长是用脚步测量出来的，在测量的时候肯定会有误差，通常来说在 2% ~ 3%。因此，计算的时候没必要精确到几分几秒。关于这类问题，通常都能用上面的方法来求解。

不进行任何测量的测量法

在实地测量一个角度时，通常只要有一个指南针或几根手指或是火柴盒就够了。但也难免会碰到这样的情况：不要求我们实地测量，而要求测量出画在纸上、平面图上或地图上的角的大小。如果我们手里有一个量角器，问题自然很容易解决，可若没有量角器，该怎么测量呢？

在这种情况下，利用几何学的知识也能解决的。下面，我们就来举一个例子。

【题目】 如图-91所示，∠AOB是一个小于180°的角，如果不做任何测量，你能求出这个角的大小吗？

【解答】 根据前面的方法，我们可以从BO上的任一点作垂直于AO的垂线，测量出直角三角每个边的长度，再算出这个角的正弦值，根据正弦值得出这个角的大小。可题目的要求是不做任何测量，所以得另想办法。

此时，我们可以这样做：以∠AOB的顶点O为圆心，任意长度为半径，作一个圆。圆周跟AO、BO分别相交于点C、D，连接CD。用圆规从点C开始，按照CD的长度，在圆周上沿同一个方向一直量下去，直到圆规的一个脚再次落到点C上为止。记住测量的次数，即共测量了多少段，以及圆规绕圆周的次数。

假设圆规在这个圆周上测量了S段

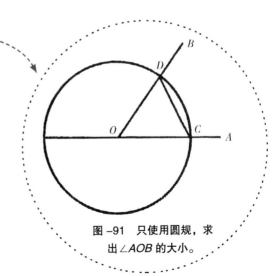

图-91 只使用圆规，求出∠AOB的大小。

CD 的长度,绕圆周的次数是 n。那么,$\angle AOB$ 的大小就是:

$$\angle AOB = \frac{360° \times n}{S}$$

这是为什么呢?我们不妨这样分析:假定这个角是 x,如果圆规在圆周上测量了 S 次,就相当于把 x 的角扩大到 S 倍,同时,圆周被绕了 n 次,就相当于这个角等于 $360° \times n$,所以:

$$x \times S = 360° \times n$$

$$x = \frac{360° \times n}{S}$$

在图 -95 中,用圆规测量的结果是 $n=3$,$S=20$,所以 $\angle AOB = 54°$。

如果没有圆规,也可以用一个大头针或一张纸条来代替测量。

【思考题】利用图 -95 的方法,求出图 -94 中各个角的大小。

Chapter 6
地平线几何学

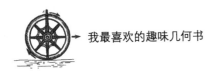

地平线

当我们置身于一望无际的平原上时,总觉得自己像是站在一个看不到边的圆面中心,地平线就是这个圆面的边缘。但是,地平线是无法触摸到的,倘若你朝着它走去,它就会后退。虽然我们没办法接近,可它却是客观存在的。这不是视力上的错觉,也不是幻景。

地球上的每个观测点,都有一条地球表面的界线,我们就是通过这个点看过去的,而且我们还能够计算出这个界线的距离。如图-92所示,这是地球的一部分,我们来看看地平线的几何关系。

假设观察者的眼睛在点C处,眼睛离地面的高度是CD。如果他朝四周看去,他能在平地上看到多远的距离呢?从图中可见,他只能看到圆周M、N上的各点,在这个圆周上,他的视线跟地球表面相切,再远的范围他就看不到了。M、N两点

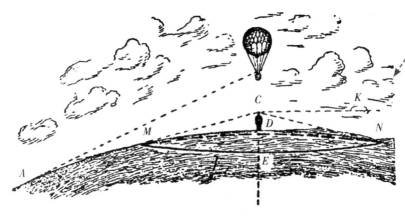

图-92 地平线。

以及所有圆周上的各点就是这个人能看见的地球表面的边界。也就是说，正是这些点连成了地平线。在观察者看来，天穹和大地在这里相接，他在这些点上同时看到了天空和地上的东西。

你可能觉得图中的情况与实际不太相符，因为当我们观察的时候，总觉得地平线跟眼睛是在同一水平面上，而在图-92 中，这个地平线的圆周明显比观察者的眼睛低。没错，在我们的感觉中，眼睛跟地平线始终在同一水平面上，且当身体升高的时候，还会感觉这个平面也跟着一起升高了。但其实，这是我们的错觉。真实的情况是，地平线总是比我们的眼睛要低，就像图-92 中画的那样。只不过，直线 CM 和 CN 跟垂直于地球半径的直线 CK 之间的夹角非常小，没办法用仪器测量出来罢了。

再来说一件有趣的事。前面我们说过，如果观察者乘坐飞机的话，会觉得飞机下面的地面都在地平线以下了，地面好像变成了一个嵌到地面之下的盆，地平线就是这个盆的"边"。埃德加·爱伦·坡在幻想小说《汉斯·普法尔历险记》中，就描写和解释过这种情形。

小说的主人公航空家说：

最让我震惊的是，在我看来，地球竟然凹下去了。起初我还以为，随着我逐渐升高，一定能看到地球的凸面，没想到并非如此。我仔细想了一下，终于找到了答案。如果从我乘坐的气球竖直向地球引垂线，就相当于直角三角形的一条直角边，而这个直角三角形的底边就是从这条垂线和地面的交点到地平线的那条直线，斜边就是从地平线到气球的连线。可是，跟我看到的视野相比，气球的高度是很小的，也就是说，刚才提到的这个三角形的底边和斜边比直角边要大得多，我们可以将三角形的底边和斜边视为两条平行线。在观察者看来，位于气球底下的每一个点，总是低于地平线。这就是为什么我们总是觉得地球表面凹下去的原因。这样的情形会一直存在，除非地球达到了一个非常高的高度，那时候三角形的底边和斜边就不再是平行的了。

我们再来举一个例子，帮助大家认识这一现象。如图-93所示，假设有一排整齐的电线杆。如果你的眼睛在电线杆的点 b，也就是在电线杆脚的平面上，那么，你看到的电线杆的情形就是图-94的样子。可如果你的眼睛放在点 a，也就是在电线杆顶的平面上，那么，你看到的电线杆的情形就是图-95的样子。此时，地平线对你来说就像升高了一样。

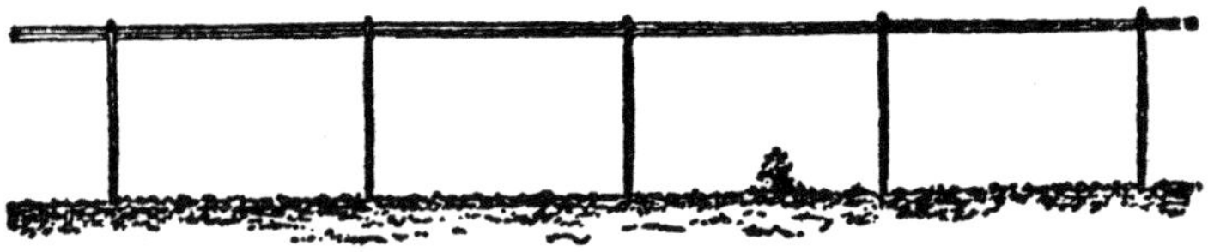

图-93

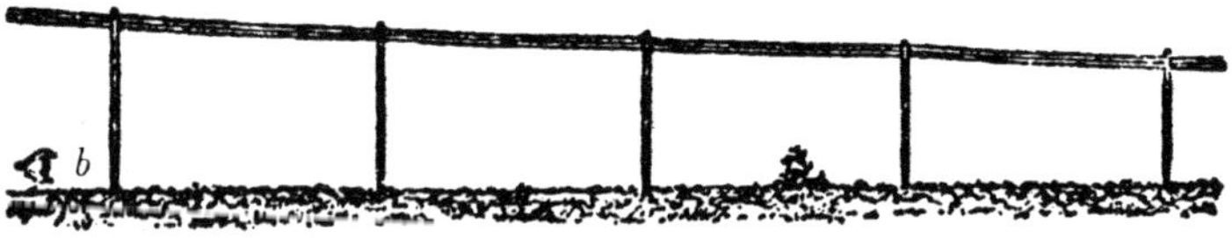

图-94

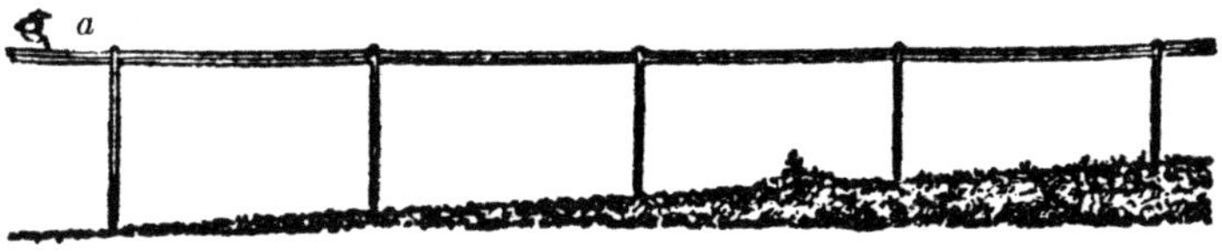

图-95

轮船的距离

回想一下，当你观察海平面远方刚刚出现的轮船时，是否经常会感觉看到的轮船并没有在它实际的那个地方，而是离我们近一些呢？就像在我们的视线跟海平面的凸面相切的点 B 上，如图 -96 所示。如果单纯用肉眼观察的话，我们很难不这么认为，也很难想象轮船的位置在地平线以外很远的地方。

可是，当我们用望远镜看这艘轮船时，就能对它的实际距离有一个比较正确的印象了。因为在望远镜中，远近不同的事物的清晰程度是不一样的。

如果用一个校准好了的看向远处的望远镜来看向近处的东西，会感觉根本看不清，反之也一样，如果用一个校准好了的看向近处的望远镜，来看向远处的东西，看到的景色也是不清晰的。因此，当我们用一个放大倍数非常大的望远镜看地平线的水平面时，如果望远镜是校准好的，我们能把这一点的水平面看得特别清楚。如果再用它来看远处的轮船，就只能看到一个模糊的轮廓，似乎轮船离我们很远，如图 -97a 所示。

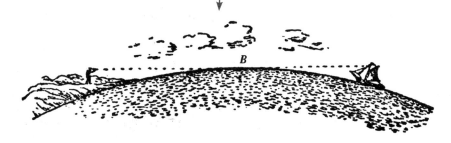

图 -96 地平线之外的轮船。

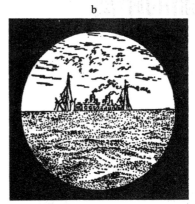

图-97 从望远镜里看到的地平线之外的轮船。

如果望远镜校准好后,能够非常清楚地看到一半轮船隐在地平线后面的轮廓,那么刚才看见的清晰水平面就变得非常模糊了,如图-97 b所示。

地平线离我们有多远

地平线离我们有多远呢？如果我们站在平原上，以自己为圆心，由地平线围成的圆的半径有多大呢？如果知道观察者在地球表面上的高度，那么地平线的距离要如何计算呢？

如图-98所示，刚刚的题目就是求线段 CN 的长度。线段 CN 是从人的眼睛向地球的表面作的切线。在几何学中，切线的平方等于割线的外段 h 跟这条割线全长 ($h+2R$) 的乘积，这里的 R 是地球的半径。与地球的直径 $2R$ 相比，人的眼睛到地面的距离很小，就算乘坐飞机到一万多米的高空，人的眼睛距离地面的高度也不过只有地球直径0.001。所以，在 ($2R+h$) 中，我们可以把 h 忽略不计，于是，公式就可以简化为：

$$CN^2 = h \times 2R$$

借助这个简单的公式，我们就能计算出到地平线的距离：

地平线跟人的距离 $= \sqrt{2Rh}$

R 代表地球的半径（地球的半径为 6371 千米，通常取 6400 千米）。h 代表人的眼睛距离地面的高度。

我们知道，$\sqrt{6400} = 80$，因此，上式还可以简化为：

地平线跟人的距离 $= 80\sqrt{2h} = 113\sqrt{2h}$

h 的单位是千米。

这样一来，这个距离的计算就成了一个纯几何学的计算。如果考虑到影响地平线距离远近的物理学因素的话，那么就不能忽略大气折射问题。在大气中，

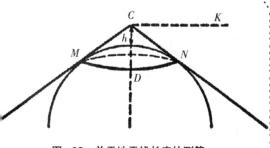

图-98 关于地平线长度的测算。

光线的折射会把计算出来的地平线距离增加大约 $\frac{1}{15}$（也就是6%左右）。当然，这里的6%只是一个平均数。根据下表中条件的不同，地平线的距离会略有变化。

增加因素	减少因素
气压高	气压低
接近地面处	高处
天气寒冷	天气暖和
早晨和傍晚	日间
潮湿天气	干燥天气
在海上	在陆地上

【题目】 一个人站在平地上，他能看到地面多远的距离？

【解答】 如果此人是成年人，他的眼睛跟地面的距离大约是1.6米，也就是0.0016千米，所以，地平线和人的距离是：

$$113\sqrt{h} = 113\sqrt{0.0016} \approx 4.52 \,(千米)$$

刚才说过，地球周围的空气层会使光线的路径发生曲折，所以地平线的距离要比用这个公式计算出的值增加6%。考虑到这一点，我们应该在4.52千米的基础上，再乘以1.06，也就是 $4.52 \times 1.06 \approx 4.8$ 千米。

这就是说，如果是一个中等身材的人，他在平地上能看到的最远距离不超过4.8千米。倘若把他放在那个圆的中心，这个直径是9.6千米，面积大概是72平方千米。

【题目】 如果这个人坐在海上的一只小艇上，他能看到多远的距离？

【解答】 这个人坐在小艇上，他的眼睛跟水面的距离大约是1米，也就是0.001千米，所以他能看到的地平线的距离是：

$$113\sqrt{0.001} \approx 3.58 \,(千米)$$

如果考虑到空气的折光影响，这个距离大概是3.8千米。如果是比这个距离远的物体，由于它在地平线的后面，我们只能看到它的上部，而无法看到它的下部。

如果眼睛的位置再低一些，地平线也会更近，比如，当眼睛跟地（海）面的距离只有半米时，地平线也只有大约2.5千米的距离。反之，倘若从高处观察，地平线的距离会增大。比如，在桅杆的顶部，倘若桅杆高4米，那么地平线的距离就是7千米。

【题目】 一个气球位于平流层的最高点，在气球吊舱中的飞行员看来，地平线的距离是多少？

【解答】 气球位于平流层的最高处，它的高度是22千米。在这个高度上，地平线的距离是：

$$113\sqrt{22} \approx 530（千米）$$

如果考虑折射因素的影响，大概是 530×1.06，约为 580 千米。

【题目】 一位飞行员想看到 50 千米半径的地面，那么他应该飞到多高的高度上呢？

【解答】 根据地平线距离的公式，有：

$$50 = \sqrt{2Rh}$$

所以：

$$h = \frac{50^2}{2R} = \frac{2500}{12800} \approx 0.2（千米）$$

这位飞行员只要升到 200 米的高度，就可以看到 50 千米半径的地面了。倘若考虑到偏差，要从 50 千米中减去 6%，那就是 47 千米，所以：

$$h = \frac{47^2}{2R} = \frac{2200}{12800} \approx 0.17（千米）$$

从计算结果可知，不需要升到 200 米，只需要到达 170 米的高度就够了。

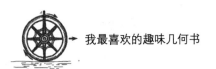

果戈理的塔有多高

【题目】 有个问题颇为有趣：人眼上升的高度，与地平线的距离相比，哪一个增加得更快呢？很多人可能觉得，观察的人向上升高的时候，地平线的距离会增加得更快一些。果戈理也曾经这样认为，他在《论我们这一时代的建筑》一文中写到过：

对城市而言，很有必要建造一座巨大而雄伟的高塔……在这个城市中的高塔上，我们只能看到整个城市的全景，可如果是在首都，就必须有一个更高的塔，能够看到150俄里距离的高塔。我认为，只要把现在这座塔筑高一两层的高度，一切都会不一样。那样的话，我们看到的范围就会随着高度的增加而迅速成倍地扩大。

> 1俄里 ≈ 1.0668千米，150俄里 ≈ 160千米

事实真的如此吗？

【解答】 其实，果戈理的这种想法是错的。随着身体的升高，地平线的范围并没有很快增加。道理很简单，只要我们仔细研究一下公式就会发现：

地平线和人的距离 $= \sqrt{2Rh}$

跟人的眼睛升高的高度相比，地平线的距离增加得还会慢一些。它只跟人眼高度的平方根成正比。也就是说，当人的眼睛升到100倍的高度上，地平线的距离只增加到原来的10倍。倘若人的眼睛升高到1000倍的高度上，地平线的距离也仅仅增加到原来的31倍。所以，果戈理所说的"只要把现在这座塔筑高一两层的高度，一切都会不一样"是错的。

举个例子，在8层楼房的顶上再加上两层，那么地平线的距离大概会增加到 $\sqrt{\dfrac{10}{8}}$，也就是大约1.1倍。这就是说，

只比原先的距离增加了 10%。

这种微小的增加，我们几乎感觉不到。所以，果戈理说的建一座"可以看到 150 俄里或 160 千米距离的高塔"，是根本不可能的。当然，在思考这个问题的时候，果戈理可能并未意识到，要想看到这么远的距离，高塔是非常高的。

其实，我们可以计算出这个高度：

$$160=\sqrt{2Rh}$$
$$h=\frac{160^2}{2R}=\frac{25600}{12800}=2（千米）$$

这几乎是一座高山的高度了。

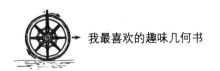

站在普希金的山丘上

普希金的文章里也有类似的错误。前面我们说过,他在诗剧《吝啬的骑士》中,有过这样一段描写:

> 国王站在它的上面高兴地远望,
>
> 那被白色的天幕覆盖的山谷,
>
> 以及疾驶着轮船的汪洋。

我们计算出了这个"骄傲的土丘"的高度,它小得有些可怜,就算是阿提拉的大军,也没办法把土丘堆到4.5米的高度。现在,我们可以来计算一下,假如站在这个土丘的顶上,能看到的地平线的距离到底有多远?

站在这个土丘上,人的眼睛距离地面的高度大概是:

4.5+1.5=6(米)

能看到的地平线的距离是:

$113\sqrt{0.006} \approx 8.8$(千米)

与在平地上看相比,只多了4千多米而已。

Chapter 6
地平线几何学

指挥员眼中的灯塔

【题目】 海岸上有一座灯塔,灯塔的顶端距离水面 40 米。一艘轮船从远处朝岸边行驶,船上的指挥员坐在水面以上 10 米的地方。请问,他在距离岸边多远的地方,才可以看到这座灯塔上的灯光?

【解答】 从图-99 中可见,这道题其实是要求线段 AC 的长度,它是由 AB 和 BC 两段组成的。为此,我们可以先求出这两段距离的长度,再把它们加起来。

线段 AB 是在 40 米高的灯塔上能看到的地平线的距离,线段 BC 是在水面以上 10 米的地方能看到的地平线的距离。所以,所求的距离 AC 就是:

$$113\sqrt{0.04} + 113\sqrt{0.01} = 113(0.2+0.1) \approx 34 (千米)$$

【题目】 在上题中,假如指挥员站在 30 千米处,他能够看到灯塔的什么地方?

【解答】 我们依然可以利用图-103 来解答这个题目:先计算出线段 AC 的长度,再从 AC 中减去 30 千米,得到 AB 的长度。求出 AB 以后,就可以计算出能够看到的地平线距离等于 AB 的时候灯塔的高度,即下面的计算公式:

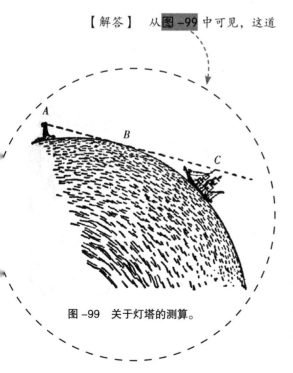

图-99 关于灯塔的测算。

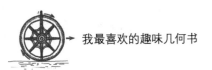

$BC = 113\sqrt{0.01} = 11.3$（千米）

30−11.3=18.7（千米）

所以：

灯塔的高度 $= \dfrac{18.7^2}{2R} = \dfrac{350}{12800} \approx 0.027$（千米）

如果在距离灯塔30千米处看向灯塔，只能看到灯塔上端13米的那一部分，底下的27米是无法看到的。

距离多远能看到闪电

【题目】 在你的头顶正上方距离 1.5 千米的地方,突然出现了一道闪电。试问,在离你多远的地方,依然能够看到这道闪电?

【解答】 如图-100 所示,我们可以计算出在 1.5 千米的高度上,能够看到的地平线的距离。实际上,这个距离是:

$$113\sqrt{1.5} \approx 138（千米）$$

倘若地面是平的,在距离你 138 千米远的地面上的人,也能看到这道闪电。我们在这里计算出的数字是 138 千米,如果再加上 6% 的加放数,这个距离应该是 146 千米。这就是说,从距离 146 千米的地方看,这道闪电就好像出现在地平线上。不过,声音是无法传到这么远的,所以在这个距离上的人只能看到闪电,但听不到雷声。

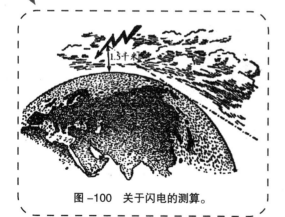

图-100 关于闪电的测算。

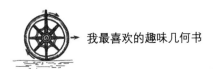

帆船消失了

【题目】 打个比方,你站在一片海或湖的岸边,紧紧地挨着水面。这时,刚好有一艘帆船驶离了岸边。已知帆船桅杆顶端距水面的高度是6米。那么,当帆船距离岸边多远时,你会感觉到这只帆船开始沉入水中?又在多远的距离时,看不见这只帆船?

【解答】 参见前面的图-100,这只帆船在点B处开始沉入水中,也就是在你可以看到的地平线的距离上,它好像开始沉入水中。如果你是中等身材,那么这个距离就是4.8千米。当帆船在地平线以下就看不到它了。此时,它距离地平线的距离是:

$$113\sqrt{0.006} \approx 8.8 \text{(千米)}$$

也就是说,在距离岸边4.8+8.8=13.6千米的地方,这只帆船完全消失在地平线以下。

月球上的"地平线"距离

【题目】 直至目前,我们所做的计算都围绕着地球上的物体进行。现在,如果我们到了月球上,这个所谓的"地平线"的距离会是什么样的情形呢?

【解答】 其实,这个题目一样可以用前面的公式来解答:

$$月球"地平线"的距离 = \sqrt{2Rh}$$

这里的 R 代表的是月球的半径,而不是地球的半径。我们知道,月球的半径是 1750 千米。当人站在月球上,人的眼睛距离地面 1.5 米高时,可以得出:

$$月球"地平线"的距离 = \sqrt{2 \times 1750 \times 0.0015} \approx 2.3（千米）$$

也就是说,如果我们站在月球上看过去,至多能看到 2.3 千米。

月球环形山上的"地平线"距离

【题目】 如果我们用望远镜看月球,哪怕望远镜的倍数不是很大,也能够看到月球表面有很多环形山,地球上是没有这些东西的。在这些环形山中,有一座"哥白尼环形山",它的外径是124千米,内径是90千米。山口四周的最高点跟中间盆地地面的距离是1500米。假设我们刚好站在这座环形山内部的盆地中央,是否能在这个地方看到环形山口的顶点呢?

【解答】 想解答这个问题,需要计算出这个最高点,也就是1.5米高度上的"地平线"的距离。在月球上,这个距离是:

$$\sqrt{2Rh} = \sqrt{2\times 1750\times 1.5} \approx 23(千米)。$$

一个中等身材的人,他的"地平线"距离是2.4千米,把这两个数值加起来23+2.3 ≈ 25千米,这就是从山口的最高点可以看到的"地平线"的最远距离。

已知在山口的中央与山壁之间的距离是45千米,所以在盆地中央是无法看到这个山口顶端的。通过计算我们可以得出,要想看到山口的顶点,需要爬到距离盆地中央600米的山坡上才行。

Chapter 6
地平线几何学

木星上的"地平线"距离

【题目】 已知木星的直径大约是地球的11倍,试问在木星上,"地平线"的距离是多少?

【解答】 要解答这个问题,需要假设木星表面是一层平的硬壳。站在木星平原上的人,能够看到的"地平线"距离就是:

$$\sqrt{2 \times 6400 \times 11 \times 0.0016} \approx 15 \text{(千米)}$$

【练习题】

Q1:一艘潜水艇的潜望镜露出海面的高度是30厘米,通过它可以看到的地平线距离是多少?

Q2:有一个大湖,两岸间的距离是210千米,飞行员要飞到多高,才可以同时看到两岸?

Q3:一位飞行员在距离640千米的两个城市之间的上空飞行,他需要飞到多高,才能够同时看到这两个城市?

Chapter 7
鲁滨孙几何学

星空几何学

> 在我的眼前,下方是一片深渊,上方的星星布满天空。
>
> 不知道究竟有多少星星,也不知道这深渊有多深。
>
> ——罗蒙诺索夫

我曾经有过一个计划,想去过一段不同寻常的生活,就跟在航海中失踪的人一样,到他们所处的环境中生活一段时间。从某种意义上说,我想把自己变成另一个鲁滨孙。我想,倘若我真的有了这样的经历,再来写这本书,肯定比现在更有趣。但也有另一种可能,就是再也没有机会写了。所以,我没有变成鲁滨孙,但我也没对此感到遗憾。

在我尚年轻时,有那么一段日子,确实对这件事颇为着迷,并做了认真的准备。我觉得,就算是一个最平凡的鲁滨孙,要想在那样的环境中生存,也得具备其他人所不具备的知识和能力。

当一个人遭遇了海难,被丢弃在一个荒无人烟的岛屿上,他应该先做什么呢?我想,他一定要先确定自己被迫居住的地方在什么位置,也就是这个岛屿的经度和纬度。很可惜,在鲁滨孙的新旧故事中,这些内容都很少被提及。我为此查阅了《鲁滨孙漂流记》的全文本,在里面最多只能找到不超过一行的相关描写,而这仅有的一点点描写还是放在括号中——"在我所在的海岛的纬度上(根据计算,应该在赤道以北9°22′处)"。

当时,我正在为做新一代的鲁滨孙做着各种准备,结果却看到了这样一行文字,实在令人遗憾。我失望极了,甚至打算放弃独居荒岛这一伟大的事业。就在这个时候,我看到了儒勒·凡尔纳写的《神秘岛》一书,它帮助我揭开了这个秘密。

我的意思是说,不是要这本书的读

者们都去做鲁滨孙，而是想谈一谈确定纬度的最简单的方法，因为以后你们也可能会用到。这个方法不仅适用于在荒岛上漂流的人，对陆地探险者也有帮助。有些乡村的位置没有在一般的地图上标绘出来，我们在野外时，也不能保证随身都带着精细的地图。所以，对于确定纬度的问题，可能随时会遇到。

坦白说，这也不是一件太困难的事。在晴朗的夜晚，当你抬头观察天空的时候，你很有可能看到这样的现象：天上的星星正在天空中慢慢地沿着一个倾斜的圆弧运动，看起来整个天穹就像在沿着一条看不见的斜轴慢慢旋转一样。其实，这种现象的发生，只是我们在随着地球绕地轴向相反的方向旋转而已。

对于北半球而言，天穹上只有一点是静止不动的，就如同地轴的延长线支在这一点上似的。这就是天球上的北极，它的位置距离小熊星座尾尖上的一颗星不太远，我们把这颗星叫作北极星。在北半球上的人，只要找到北极星，就等于找到了天球上的北极。要找到它并不难，只需要找到我们熟悉的大熊星座（或北斗七星），再沿着大熊星座边上两颗星连线的方向看去。在距离大熊星座大概等于整个大熊星座长度的地方，就能够看到北极星，如图-101所示。

我们判断地理纬度的天球上的第一个点，就是北极星。那么，第二个点是什么呢？其实，就是我们头顶上空的那个点——"天顶"。所谓的"天顶"，就是在你站立的位置，把通过你的地球半径向上延长，这个延长线与天空的交

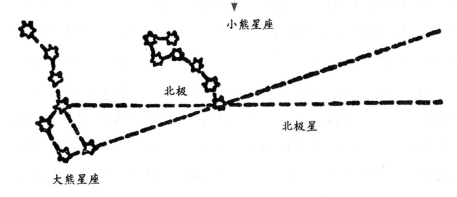

图-101 找到北极星。

点。此时，天空中"天顶"的位置跟北极星之间弧线的角距，就是你所在的地方和地球的北极之间的角距。

举个例子，你所站的地方，"天顶"距离北极星的角距是30°，那么你跟北极星之间的角距也是30°。如果你跟赤道之间的角距是60°，你就在北纬60°的位置上。说到这儿，你可能知道了，想要判断某个位置的纬度，只需要测量出这个位置的"天顶"和北极星之间的角度，然后90°减去这个测量出的度数，就是纬度了。

然而，在现实中，我们通常用的却是另一种方法。"天顶"跟地平线之间的角度是90°，所以用90°减去"天顶"和北极星之间的角度，就相当于北极星和地平线之间的角度。前面说的那个差值，就是北极星在地平线上的"高度"。因此，某个位置的地理纬度就等于北极星在这个位置的地平线上的"高度"。

现在，你已经知道如何判断一个地方的纬度了。在一个晴朗的夜晚，从天空中找到北极星的位置，再求出它射向北极星与地平线射线之间的角度。这个值就是我们所在位置的纬度。如果你希望这个数值能够更精确一点，就要考虑北极星并不是刚好在天球的北极，而是在距离北极后面大约$\left(1\frac{1}{4}\right)°$的位置上。所以，北极星的位置不是静止，它会绕着天球的北极运转，一直在一个小圈中旋转，并且上下左右始终保持在$\left(1\frac{1}{4}\right)°$的位置上。此时，先测量出北极星在最高点和最低点时的高度，再取它们的平均值，就是天球北极真正的高度，也是你需要的正确的纬度。

这样看似乎根本没必要非得挑北极星来计算这个纬度，我们能否任意选择一颗在天球的北极不会落下去的星星，测量出它在天空中最高点和最低点的高度，再取它们的平均值呢？

如果一定要这样做，必须要知道选定的这颗星在最高点和最低点位置的准确时间。这样一来，情况似乎变得更复杂了，而且选定的这颗星也不一定在同一个夜间达到最高点和最低点，也就是未必能在同一个夜间完成测量。如果只是进行一个近似的测量，还是选择北极星比较好。至于刚才提到的北极星跟天球北极之间的那点差别，我们完全可以忽略不计。

前面的分析中，我们都是假设在北半球来测量纬度。倘若在南半球的话，该如何测量呢？

其实，方法跟在北半球一样，不同的是，应该去寻找天球的南极。很可惜，在天球的南极附近，没有北极星这样的星星存在，比较明亮的只有南十字座，可它的位置离南极稍远，如果用这个星座来判断纬度的话，就得用刚才提到的方法，测量出这颗星在最高点和最低点的位置，再取它们的平均值。在儒勒·凡尔纳的小说中，主人公就是利用了天球南极上这个美丽的星座，判断出"神秘岛"的纬度的。

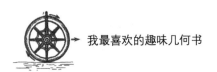

神秘岛纬度的测算

《神秘岛》中有一段关于判断岛纬度的描写,这能给我们提供一些帮助。在此,我把它抄了下来。我们可以通过这段描写看到,在没有仪器测量角度的情况下,这些新的"鲁滨孙"是怎样解决这个问题的。

已是晚上 8 点钟了,月亮还没出来,但是地平线上已经洒上了一片银白色的光辉。天穹上闪烁着南半球的一些星座,斯密特工程师紧紧盯着其中的南十字星座,他观察了一段时间,又思索了片刻,而后问:"赫伯特,今天是不是 4 月 15 日?"

"是的,先生。"赫伯特回答道。

"一年之中,有 4 天的实际时间跟平均时间是相等的,如果我没弄错的话,明天应该是其中的一天。也就是说,在明天太阳经过子午线的时候,我们的钟表应该正好指在正午的位置。如果明天是晴朗的天气,我就可以粗略计算出我们所处的这个岛的经度了。"

"没有仪器也行吗?"

"当然。今夜晴朗,我先测出南十字星座的高度,再测量出南极距离地平线的高度,并通过这些判断出这个岛的纬度。明天中午,如果天气仍然晴朗的话,我就可以判断出这个岛的经度了。"

如果这位工程师手里有一个六分仪(利用光线的反射原理,这个仪器可以精确地求出物体的角距),他就能轻松地完成这个测量任务。在第一天晚上测量出南极的高度,在第二天白天,当太阳经过子午线的时候,他就能算出这个岛所处的纬度和经度了。很可惜,他没有六分仪,只能另想办法。

工程师走进山洞,借着火堆的亮光,用小锯锯下了两根方形的木棒,并把两根木棒的一端钉到了一起,做成了

Chapter 7
鲁滨孙几何学

一个圆规,且圆规的两只脚还可以开合。工程师在木柴的中间找到了一些金合欢的刺,把它们装到圆规上,当作圆规的铰链。

做好圆规之后,工程师回到了岸边。他准备测量南极在地平线上的高度,即在海面上的高度。为了方便观察,他跑到了眺望岗上。在计算的时候,他还需要考虑这个眺望岗距离海面的高度。

在皎洁的月光之下,地平线显得很清楚,也很容易测量。在天空中,南十字座是反着"悬挂"的,跟星座上的其他星星比起来,它底部的 α 星距离南极更近一些。其实,这个星座跟南极的距离并不像北极星那样距离北极非常近。工程师知道,α 星距离南极 27°,他打算把这个值也放到计算中,这样的话,只要等待这颗星经过子午线,就能减轻很多测量的工作。

工程师斯密特把制作好的圆规的一只脚朝向水平的方向,另一只脚朝向南十字星座的 α 星。这样,他测得的角度就是 α 星在地平线上的高度。为了让这个角度固定不变,他把一条木棒横贯在了圆规的两只脚上,用几个金合欢的刺把圆规的两只脚固定住。这样,就能让圆规保持现状。

现在,就是求所得角的度数了,通过这个度数换算出高出海平面的度数。由于地平线比他的位置低,他还需要测量出眺望岗的高度。这个角的数值是南十字座 α 星的高度。换而言之,也是南极在地平线上的高度。所以,这就是这个岛的纬度。地球上的任何一个位置,其纬度都等于天球的北极或者南极在这个地方的地平线上的高度。这个数值,工程师决定明天再测量。

你知道,眺望岗的高度如何测量吗?其实,我们在本书的 Chapter 1 中学习过,这里就不再介绍了。我们省略掉小说中的这一段,看看工程师后面是怎么做的?

工程师又拿出了前一天晚上做成的圆规,他已经借助这个工具测量出了南十字座的 α 星和地平线之间的角度。他开始测量这个角的度数:把一个圆分成了 360 份,通过这个方法,测得的角度是 10°。得出南极在地平线上的高度,就是把测量出的 10° 加上 α 星跟南极的角距 27°,再加上刚才测量的时候站立的眺望岗的高度，海平面上的高度就是37°。如果考虑到由于测量不准确可能导致的误差，我们可以说，这个岛的位置在南纬35°～40°。

现在，纬度已经测量出来了，只剩下经度。工程师打算在太阳经过岛上的子午线时，把小岛的经度也测量出来。

需要说明一点，工程师是从眺望岗上进行测量的，而不是在海平面上。所以，从观察者的眼睛到地平线的直线，跟垂直于地球半径的直线并不完全吻合，而是成一个很小的夹角，可以忽略不计。所以，小说中的工程师斯密特，确切地说应该是作者儒勒·凡尔纳，无须考虑这个问题，不然的话，就把简单的问题复杂化了。

Chapter 7
鲁滨孙几何学

神秘岛经度测算

我们来看看,儒勒·凡尔纳在小说中关于测定经度的几段描写:

工程师的手里没有任何测量仪器,他要如何判断太阳经过岛上子午线的准确时间呢?

赫伯特很关心这个问题。没想到,工程师把这次测量需要的一切东西都准备好了。他在岸边选了一块被海潮冲刷得又干净又平整的地方,并把一根6英尺长的木棍竖直地插到了沙土中。

看到这里,赫伯特突然明白了工程师要怎么判断岛上的正午时间了。原来,工程师想利用木棍投在沙地上的阴影来判断正午的时间。严格来说,这个方法并不精确,可在没有任何工具的情况下,也还是可以得到比较满意的结果的。

从理论上来说,当木棍的阴影最短的时候就是岛上的正午时间。只要仔细观察木棍顶端阴影的运动,注意阴影不再缩短并开始增长的时间就行了。这里的木棍阴影,就相当于时针在钟表面上的移动一样。

根据斯密特工程师的估算,到了观察时间,他跪到了地上,并把一些小木棍不停地插到沙土中,标出木棍顶端阴影的位置。工程师的伙伴,也就是那位记者,手里拿着一只表,准备记录下阴影最短时候的时间。

前面我们说过,工程师是在4月16日进行观察的,这一天正好是一年当中真正的正午和平均正午相吻合的4天当中的一天,所以记者手上的表所指示的时间,跟华盛顿子午线的时间是一致的。他们就是从华盛顿出发的。

太阳在缓慢移动着,木棍的阴影也在慢慢缩短。终于,工程师看到,木棍的阴影开始变长。

工程师立刻问道:"现在是几点钟?"

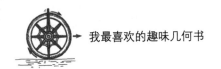

"现在是五点零一分。"记者答道。

就这样,工程师完成了他的观察,剩下的就是一个简单的计算了。

根据观察结果可知,与华盛顿的子午线时间相比,这个岛上的子午线差了大约5个小时。这就表明,当岛上是正午的时候,华盛顿是下午的5点钟。在太阳的运动中,每4分钟大概走1°,也就是说,每小时走大概15°。

那么:

$$15° \times 5 = 75°$$

华盛顿在格林尼治子午线,也就是我们常说的本初子午线西面77°3′11″的子午线上,所以这个岛大概在西经77°+75°=152°上。

考虑到观察的误差,我们得到结论:这个岛位于南纬35°～40°,西经150°～155°。

最后,需要说明的是,测量某个位置的经度的方法有很多,在儒勒·凡尔纳的小说中,主人公所采用的方法只是其中之一。对于测量纬度来说,也有很多方法比这里介绍的方法测量得更精确。而且,这个方法在航海中并不适用。

Chapter 8
黑暗中的几何学

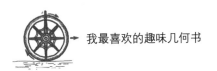

少年航海家遇到的难题

前面我们一直在田野和海洋中遨游，现在我们到一条老旧的木船的底舱里去看看，那里阴暗而狭窄。爱尔兰小说家和儿童文学作家马因·里德的小说中，主人公就在这样的环境中解答出了一些几何学上的问题，且回答得非常漂亮。在我看来，他当时所处的环境，肯定是我们从来都没有遇到过的。

小说的名字叫《少年航海家》，在有的地方也被翻译成《船舱的底层》。在这篇小说中，马因·里德讲述了一个少年探险家的故事。这位少年酷爱航海，可他无力支付高昂的旅行费用，就偷偷藏到了一艘木船的底舱里。作者详细地描写了主人公在底舱里独自度过的那段航行时光。

如图-102所示，少年躲在阴暗的底舱中，不停地在行李货物之中摸索，竟然意外地找到了一盒干面包和一桶水。他非常清楚自己的处境，因此他很珍惜这些仅有的食物和水，不舍得浪费丝毫。他按照每天一定的份额，把面包片和水分开。

把干面包片按每天的分量一片片分并不难，可水怎么办呢？少年并不知道水的总量是多少，每天该分多少呢？虽然碰到了这个难题，可少年最后还是解决了这一问题。下面，我们就来看看这位少年是怎么解决的。

图-102 少年航海图。

如何测量水桶中有多少水

Chapter 8
黑暗中的几何学

在马因·里德的描述中，少年航海家用这样的方法测量出水桶中的水：

我要定出每天饮水的分量，所以必须得先知道这个水桶中究竟装了多少水，然后再把这些水按照每天的分量分配好。

我在村里的小学读书时，数学老师曾经教过我们一些几何学知识，幸好当时我记住了。现在，我对立方体、角锥、圆柱和球有了一定的认识，且知道可以把一只木制的大型水桶视为两个大底面相接的圆台。

要计算出大桶里面水的容量，得先知道桶有多高（其实，桶里的水只有半桶）。然后，还得知道水桶底部或者水桶顶部圆周的长度，以及水桶中间截面圆周的长度，也就是水桶最粗的地方的圆周长度。知道了这3个数值后，再利用几何学上的知识，就能计算出水桶中的水到底有多少了。

现在的问题是：怎么测量这3个数据呢？这才是问题的关键，也是最大的困难。

要想测量这个水桶的高度，应该不是很难，但是周长该怎么测量呢？

水桶那么高，我个子又太矮，根本够不到水桶的顶部，而且周围有那么多箱子，测量起来也不方便。我的手里没有尺子之类的工具，也没有可以进行测量的绳子。在没有任何测量工具的情况下，如何知道这些长度或者高度呢？

然而，困难再大，我也不会放弃，我要好好地思考一下。

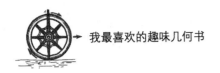

自制测量尺

马因·里德继续讲故事,他解释了小说的主人公是怎样得到前面提到的几个数据的:

准备测量出大桶里面水的容量大小的时候,我突然想到了什么,那就是我现在需要的东西。我需要一根可以通过水桶最粗地方的长度的木棍,它能帮我测量出想要的数据。如果有这样一根木棍的话,把它放到桶中,让木棍的两头抵在桶壁上,就可以测出水桶的直径,然后把它乘以3,就得到了周长。虽然测量和计算得不那么精确,但对于现在的情况来说,已经很好了。

为了喝水,我刚刚在水桶最粗的地方穿了一个小孔,我正好可以把木棍从这个小孔里穿进去,一直顶到对面的桶壁,这样就能得出水桶最粗地方的直径了。可是,去哪儿找这根木棍呢?

这难不倒我!我不是有一个装干面包片的箱子吗?可以用它来做一个。箱子的木板长度是60厘米,好像短了一些,水桶的宽度可能比它长了1倍还不止。不过没关系,只要有3根短木棍,把它们接起来,就能得到我需要的长度了。

我按照木纹的纹路把木板劈开,做成了3根光滑的短木棍。我用鞋带把3根短木棍一根接一根地绑到了一起,然后就得到了一根大概1.5米的长木棍。

做好了准备工作后,我打算进行测量。可此时,我又遇到了一个新问题,船舱底层太狭小了,木棍又那么长,我没办法把它插到水桶中。如果把木棍弯曲的话,又担心把它弄断了。

不过,我很快又想到了解决的办法:先把捆绑木棍用的鞋带解开,把长木棍分开，把3根短木棍一根接一根地插到孔中。等第一根插进去后，把它跟第二根接起来，然后再接上第三根。我把长木棍一直插了进去，直到木棍的另一头抵到了对面的桶壁。然后，我在长木棍和水桶外壁相接的地方做了一个记号。只要从测得的长度中减去桶壁的厚度，就可以得出我需要的数值了。

借助同样的方法，我把长木棍拿了出来，并标记了每一根木棍连接的地方。这样，把它们全部取出来之后，我就可以按照刚才的标记再把它们连接起来，并测量出它在水桶中的长度了。我得很小心地完成这一切，一个看似微小的测量误差，在最后的计算中都可能会产生较大的误差。

至此，我终于测量出了圆台的底面直径。现在，我还需要知道圆台顶面的直径，也就是水桶底面的直径。这并不难，我把长木棍放在桶上，在桶底的相对两点和长木棍相交的地方做一个标记，只花了一分钟的时间就做好了。

最后需要知道的就是水桶的高度了。你可能会提议，把长木棍竖直放在水桶旁边，在长木棍上做出高度的标记。要知道，船舱底下黑乎乎的，我根本看不到长木棍顶端和水桶顶部相平的具体位置。我只能用手摸，这样的话，我必须摸到长木棍上跟水桶顶部相平的地方，还要防止长木棍发生倾斜，否则的话，测量出的高度就不准了。

经过一番思索，我想到了一个可以解决问题的办法：把刚才的两根短木棍接到一起，并把另外一根放在水桶的上面，并使露出水桶边的部分在30厘米到40厘米，再把长木棍贴在露出来的那一部分上，并且使它们相互垂直，也就是它们的夹角成直角。这样，长木棍就跟桶的高度相平了。接着，我在长木棍和水桶最突出的地方，也就是水桶的正中间相交的地方做一个标记，再减掉桶顶的厚度，就得到了水桶高度一半的值。这样，我就知道了圆台的高度。

到此为止，我得到了解答问题所需要的全部数据。

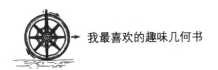

少年航海家又遇到了新难题

少年航海家的旅行,还需要克服一些困难。马因·里德接着写道:

这样计算出的水桶容量是立方单位的,还得再换算成加仑。这样的话,只要做一些算术上的演算就行了,并不太难。可是,我手头没有笔,且置身在漆黑的船舱底下,就算有纸笔,用途也不大。幸好我之前学过心算,也用它演算过四则运算题。刚才测量出的数据并不太大,这样的演算也不是太困难。

> 1 加仑 ≈ 277 立方英寸 ≈ $4\frac{1}{2}$ 升

然而,我又碰到了一个新的问题:我手中一共有3个数据:两个底面的直径和圆台的高度。可这3个数据的值到底是多少呢?在做演算之前,我得先解决这个问题。

起初,我认为这个困难没办法克服,因为我身边没有任何测量用的尺子,实在想不到办法的话,我就只能放弃演算这个题目了。就在这时,我想到了一件事:在码头上的时候,我曾经给自己测量过身高,大概是4英尺。对我来说,这个数据有什么用呢?显然,我可以把身高这个数据刻到长木棍上,为后面的计算奠定基础。

我在地板上把身体挺直,把长木棍的一端放到脚尖的前面,另一端贴在额头上,用一只手扶住长木棍,另一只手放在正对我头顶的地方,在长木棍上做了一个标记。就这样,我标记了自己的身高。不过,还有一个问题需要解决:刚刚我只得到了4英尺木棍的长度,我还必须知道更小的尺寸单位。我打算在刚才的4英尺木棍上均分48等份,这样就得到了1英寸的长度,再把这个长度一个个地刻到长木棍上。

这个办法听起来挺简单的,可在实

Chapter 8
黑暗中的几何学

际操作中，由于我置身在一片漆黑的环境中，完成起来并不容易。首先，要在4英尺长的木棍上找到它的中点。该怎么做呢？把这根木棍分成相等的两段，然后再把每段等分12英寸吗？

我又想到了方法。首先，我找了一根比2英尺稍长一些的短木棍，用它测量了一下长木棍上4英尺的长度。我知道，短木棍长度的两倍比长木棍要长一些，于是，我把短木棍削短了一些，然后再试。就这样，在试到第五次的时候，我终于得到了一根2英尺长的木棍，它的两倍长度刚好是4英尺。

我为此花费了不少时间，幸好我有的是时间。我甚至感到高兴，这样可以打发一些时间。

之后，我又想到了一个可以缩短做类似工作的时间的方法。很简单，就是用鞋带代替短木棍。跟木棍不同的是，鞋带可以很容易地对折成相等的两段。我把两条鞋带的一头接起来，就有了1英尺的长度。

接着，我开始了测量。一直到刚才为止，只需要分成两个相等的部分就

> 1夸脱=69立方英寸

行了，这并不难。但是，接下来，就有点儿麻烦了，我得把它分成相等的3份，庆幸的是，我做到了。这样，我手里就有了3段4英寸长的鞋带。只要把它对折再对折，就得到1英寸的长度了。

我总算有了刚才缺少的东西。我可以用来在长木棍上刻出1英寸的分度。根据刚才得到的1英寸长的鞋带，我在长木棍上仔细地刻着记号，把它分成了48个等长的部分。我手中有了一根可以精确到英寸的尺子，用它就能测量这3个长度了。直到现在，我总算是完成了整个测量任务。

接下来，就是计算了。在测量出圆台两个底面的直径后，我取了它们的平均值，根据这个平均值，我计算出了以它为底面直径的圆面积。这样，就得到了跟圆台同样大小的圆柱的底面积，再乘以水桶的高度，就得到了水桶的容积（用立方英寸表示）。

我把刚才计算出的立方英寸数除以69，得到了水桶的容积**夸脱**数。

最后，我得到的结果是，这个水桶中共有100多加仑的水，确切地说，是108加仑。

木桶容积的计算

如果你学习过几何学知识，就会发现一个问题：马因·里德小说中的少年航海家，在计算两个圆台的体积时，所用的方法是不精确的。如图-103所示，如果我们用 r 表示圆台小底面的半径，用 R 表示大底面的半径，用 h 表示桶高，每个圆台的高度就是 $\frac{1}{2}h$。

少年用下面的式子计算容积：

$$\pi\left(\frac{R+r}{2}\right)^2 h = \frac{1}{4}\pi h(R^2+r^2+2Rr)$$

但是，根据几何学的知识，圆台的体积计算公式为：

$$\frac{1}{3}\pi h(R^2+r^2+Rr)$$

可见，上述的两个式子是不相等的。我们可以通过计算得知，后者比前者要大一些，这个差值是：

$$\frac{\pi h}{12}(R-r)^2$$

学习过代数学，我们就会知道，这个差值 $\frac{\pi h}{12}(R-r)^2$ 是一个正数。也就是说，少年航海家得出的结果比实际结果要小一些。那么，到底小了多少呢？

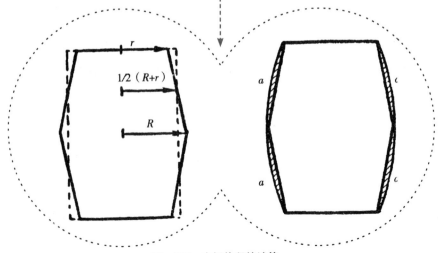

图-103 木桶体积的计算。

这是一个很有意思的问题。通常，在制作的时候，水桶最粗的地方要比底面直径大 $\frac{1}{5}$。也就是说，$R-r=\frac{R}{5}$。假设小说中的那个水桶就是这样的，我们可以求出两个圆台的体积跟实际体积的差值：

$$\frac{\pi h}{12}(R-r)^2 = \frac{\pi h}{12}\left(\frac{R}{5}\right)^2 = \frac{\pi R^2 h}{300}$$

如果把 π 视为 3 的话，这个差值就是 $\frac{R^2 h}{300}$。也就是说，按照少年的计算方法，得到的体积跟实际体积的差值正好是以水桶的最大横截面作为底面、以水桶高度的 $\frac{1}{300}$ 作为高的一个圆柱的体积。

其实，实际的差值比上面的结果还要大一些，因为水桶的容积比两个圆台体积的和要大。从图 –107 右图中可以看出，少年在计算的时候，没有考虑到图中阴影的部分。

前面关于水桶容积的计算方法，不是马因·里德小说中描写的那位少年航海家自己想到的。许多初等几何学书籍中，都利用这个方法来计算水桶容积的近似值，但要想精确计算出水桶的容积很困难。对于这样的题目，在 17 世纪的时候，德国的天文学家开普勒也费了一番心思，希望能够求出它的精确值，在他留给后世的一些论文中，还有关于这个题目的专门讨论。

很可惜，迄今为止，尚未找到可以求出精确值的简便方法。现在，人们只能通过实际经验，计算出一个近似值。

在法国南部，人们是用下面的公式来计算的：

水桶的容积 =3.2hRr

实践证明，这个公式很好用。

说到这里，还有一个问题，不知道你是否想到过：为什么要把水桶造成凸肚的形状呢？这样并不方便测量。把它造成标准的圆柱形状不好吗？事实上，有很多桶的形状是圆柱形的，但都是一些金属原料制成的，而不是木头制成的。为何要把木桶造成凸肚的形状呢？这种形状有什么好处？

把木桶造成凸肚的形状，是因为这样可以很容易地把套到木桶上的桶箍套牢。在木桶的一头套上桶箍之后，用锤子把它向凸肚的地方敲下去，就能把桶箍牢牢地套在木桶上，这样木桶就会变得格外坚固。

同理，所有用木头制成的水桶、水盆等，都要造成这种圆台的形状，而不是圆柱形，如图 –104 所示，桶箍都是用同样的方法敲上去的，从而把水桶箍紧。

说到这里，我想顺带谈谈开普勒关于

图-104 桶箍可以把桶箍紧。

这个题目的看法。在发现行星运动的第二定律（面积定律）和第三定律（周期定律）时，开普勒就注意到了木桶的形状问题，并做了一些研究，他还以此为题，写了一篇名为《酒桶的立体几何学新论》的文章。在论文的开头，他这样写道：

　　根据制造材料和使用需要，盛酒用的大桶有很多形状，如圆锥形，或是圆柱形。倘若把液体存放在金属制成的容器中，常常会因为锈蚀而腐败；而玻璃制成的容器或陶器又不够大，也不结实，石头制成的器皿太重，也不太适合。所以，保存酒的办法就只有把它装在木头制成的容器里。

　　如果把整个树干挖空来制作木桶，这样制成的木桶不够大，也很难大量制造，就算是造成了，也有可能破裂。所以，只能把一片片的木板拼凑起来，来制造这种木桶。

　　最后，就是如何防止液体从缝隙间渗漏的问题了，就算用任何可能想到的材料填塞，都是不可能的，唯一的办法就是用桶箍把它们箍紧。如果能用木板制成一个球形的容器，那是再好不过了。可要想把木板箍成一个球形是不可能的，退而求其次，只好选择圆柱形了。

　　注意，这个圆柱形还不能是十分标准的圆柱形，否则随着使用时间的延长，桶箍会变松，也就没有用了，无法继续箍紧那些木板了。所以，这个圆柱形必须是类似圆台的形状，木桶的中间要粗一些，这样，如果桶箍松动了，还可以继续向中间移动，箍紧木板。这样的形状便于搬运，取出里面的液体也比较容易。另外，它的两边是对称的圆形，滚动起来也很容易，还很好看。

这是论文中的一段，读者朋友千万不要认为这是开普勒在随意调侃，这其实是一篇十分严肃的论文。他在里面引入了无穷小和微积分的原理。通过这个木桶，以及它体积的计算方法，把开普勒引向更深入的数学思维之中。

马克·吐温夜游记

马因·里德笔下的那位少年航海家，在恶劣的环境中表现出了惊人的机智。这一点，实在令人佩服。身处在一片漆黑的环境下，倘若换成我们，恐怕连辨别方位都困难，更不用说在这样的条件下进行测量和计算了。

现实中有一个人，他的故事几乎可以跟这个故事相媲美，他就是大幽默家马克·吐温。马克·吐温跟马因·里德来自同一个国家，经历了一件类似的且很有趣的事。在旅馆的一间黑暗的房间中，他度过了一整夜。这件事情告诉我们：在一间黑暗的房中，你对房间里的陈设并不熟悉，要想对这间普通陈设的房间有一个正确的印象是很困难的。

下面，我们就从马克·吐温创作的《国外旅行记》中摘录这个有意思的故事：

我醒来之后，感觉口干舌燥。此时，我的脑际浮出一个美好的念头，就是穿上衣服到花园里去，呼吸一下新鲜的空气，再在喷泉旁边洗把脸。

我从床上爬起来，开始找衣物。我先找到了一只袜子，可第二只在哪儿呢？我不记得放在哪里了。我小心地下了床，在床的四周胡乱摸索了一阵，什么也没找到。然后，我又向稍远一点儿的地方摸索。距离床的地方越走越远，不仅没有找到袜子，我还撞到了家具上。我记得，我睡觉的时候，周围的家具没有这么多啊！可现在，似乎整个房间都充满了家具！好像到处都是椅子，难道在我睡觉的时候，房间里又搬来了两家人？

在黑暗中，我根本看不到这些椅子，但我的头却不停地碰到它们上面。最后，我不得不决定：少一只袜子就少吧，照样可以生活。我站了起来，开始向我以为的房门走去。结果，我在一面镜子中看到了自己朦胧的脸孔。

显然，我已经彻底迷失了方向，且根本不知道自己在什么地方，一点儿印象都没有。如果房间里只有一面镜子，我还能借助它辨认方向，可房间里有两面镜子，这就跟有一千面一样，太糟糕了。我又想顺着墙走到门口，结果把墙上的一幅画碰了下来。其实，这幅画并不大，但是掉在地板上却发出了巨大的声音。

葛里斯跟我在一间房里，他还躺在床上没有起身，可如果我继续这样摸索下去，肯定会把他吵醒。我又开始向另一个方向尝试。我想重新找到那张圆桌子，刚刚有好几次我从它旁边走过，我打算从那里摸到我的床上，只要找到了床，我就能找到盛水的玻璃瓶，这样可以缓解一下口渴。我想到了一个好办法：趴到地板上，用两臂和两膝爬行。我用过这个方法，所以还算自信。

最后，我终于找到了桌子，但是我的头先碰到了它，发出了还不算很大的响声。我再次站了起来，向前伸出张开五指的双手，想平衡自己的身体。我就这样缓缓向前行进。接着，我又摸到了一把椅子，之后是墙，然后又是一把椅子，再然后是沙发，接着是我的手杖、一张沙发……这简直太不可思议了。我清楚地记得，房间中只有一张沙发啊！

接着，我又碰到了桌子，又撞疼了一次，之后我又碰到一些椅子。此时，我才想起来，我到底该怎么走。我知道，桌子是圆的，不能成为出发点。我带着侥幸的心理朝椅子跟沙发的中间走去，可又陷入了一个完全陌生的环境中。途中，我还把壁炉上的烛台碰了下来，接着把台灯也碰到了地板上。最后，把盛水的玻璃瓶碰到了地板上，砰的一声打碎了。

我心里想："我终于找到你了，我的宝贝！"

"有贼！快来抓贼呀！"葛里斯叫了起来。

整间房子马上人声鼎沸起来。旅店的主人、旅客，还有仆人，纷纷拿着蜡烛和灯笼跑进了房间。我向周围看了看，原来，我站在了葛里斯的床边。靠墙的地方，只有一张沙发。这就是说，我碰到的只有一张沙发！整个半夜，我像行星一样围绕着它旋转着,还不停地像彗星一样跟它碰撞。根据我的步测,在半夜中,我走了大约47英里的路。

这就是那篇故事,最后的这一段很夸张,甚至让我们难以置信:在几个小时的时间里,走了47英里的路,这是不可能的。然而,其他的描述却一点也不夸张。当我们置身于一间不熟悉的黑暗房间中,会发生一些胡乱碰撞的喜剧性事件。所以,我们应该佩服马因·里德笔下的少年,他不仅能在黑暗中辨认方向,还在这样恶劣的条件下解答了非常困难的数学题,这些精妙的方法和坚强的毅力值得我们学习。

徒手测量

马因·里德笔下的那位少年航海家,能够顺利地解答那道几何题目,有很大一部分原因在于,他在出发以前测量过一次身高,并记住了自己的身高尺寸。如果我们每个人都随身携带着这么一把"活尺"该多好呀!这样的话,就可以解不时之需了。

如图-105所示,其实,我们身上有很多比较固定的数字。比如,当我们伸直双臂,并左右平举,两只手指端间的长度正好等于自己的身高。这个法则是达·芬奇提出来的。记住了这一点,在实际情况下,可以用的方法比那位少年航海家所用的方法要方便很多。

一个成年人的平均身高是1.7米,也就是170厘米,这个数字我们在前面也提到过,但我们不该只满足于这个平均数,每个人的身高都是不同的,我们要记住自己的身高,以及两手臂平举时的长度。

在没有度量工具的情况下,想测量比较短的长度,最好的办法是把自己的大拇指和小指叉开,事先测量出它们之间的最大距离,并记住这个数字,如图-106所示。

通常,一个成年男人的两指间距是18厘米,青少年略小一些,但也会随着

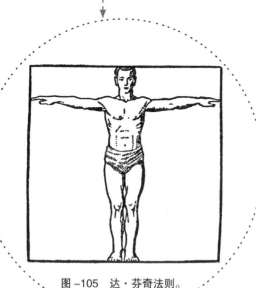
图-105 达·芬奇法则。

Chapter 8
黑暗中的几何学

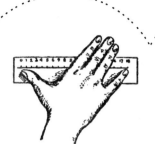

图-106 两指间的
最大距离。

图-107 食指的长度。

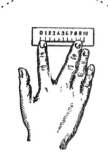

图-108 两指间的
最大距离。

年龄的增加而变大，到 25 岁左右就基本固定了。如果要想测量得更准确，最好把自己食指的长度也记住，并再测量两个长度：一个是从中指根部量起的中指长度，一个是从食指根部量起的食指长度，如图-107 所示。

这样，我们就得到了两个长度值。另外，最好也记住食指和中指叉开的最大距离，如图-108 所示，成年人的这个距离大概是 10 厘米。最后，还要记住每个手指的宽度，以及中间三根手指并在一起的宽度（大概是 5 厘米）。

有了上述的数据，我们就能很顺利地徒手进行一些测量了，哪怕是在黑暗的环境中也没问题。图-109 就是用手指来测量杯子的周长，若用平均值表示的话，这个杯子的周长大概是 18+5=23 厘米。

图-109 徒手测量
杯子的周长。

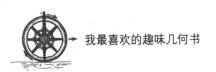

在黑暗中制作直角

【题目】 让我们回到马因·里德笔下的那位少年航海家身上。如果他想做一个直角,该怎么办呢?原著中有这样一段描述:少年把长木棍贴在短木棍露出来的一段上,使长木棍和短木棍之间形成一个直角。我们知道,这个动作是在完全黑暗的条件中进行的,只能靠手指来触摸,误差可能会很大。可在那种环境下,少年却采取了一个非常可靠的形成直角的方法。

你知道,这个方法是什么吗?

【解答】 这里要用到勾股定理。找3根不同长度的木棍,就能够得到一个直角。但是,这3根木棍的长度需要满足一定关系。最简单的方法就是比例为3∶4∶5的3根木棍。如图-110所示。

这个方法很古老,早在几千年前就被人们广泛应用。直到今天,在一些建筑工作中,人们仍然经常会用到它。

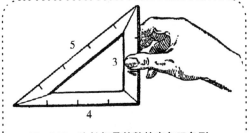

图-110 边长都是整数的直角三角形。

Chapter 9
关于圆的旧知识与新知识

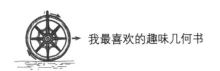

埃及人和罗马人使用的几何学知识

现在,初中生也知道用直径来计算圆周的长度。可在古时候,就算是埃及的祭司或罗马帝国最杰出的建筑师,也难以精确地计算出圆周的长度来。当时,埃及人认为圆周的长度是直径的3.16倍,罗马人则认为是3.12倍。现在,我们知道了,这个倍数其实是3.14159……

当时的那些数学家,不像后来的数学家那样,利用几何学知识进行计算,他们完全是根据经验来计算的。那么,为何会有这么大的误差呢?明明很容易就能够得到这个比例关系的!只要用一根丝线绕在一个圆的东西上,测量出它的长度,以及这个圆东西的直径,不就行了吗?

事实上,他们就是这样做的。你可能认为这很简单,但这样做的结果未必很准确。假如一个圆瓶的直径是100毫米,那么它的圆周长度应该是314毫米,可我们在用细线测量的时候,却不一定得出这个数值。1毫米的误差已经很小了,可如果真的是1毫米的误差,那算出来的π值就是3.13或者3.15。

还有一点,测量圆瓶的直径时,也未必能得到精确的数值,很有可能会产生1毫米的误差。那么,这个π值就会介于$\frac{313}{101}$和$\frac{315}{99}$之间,如果表示成小数,就是3.09～3.18。

由此可见,用这种方法来得到的π值跟3.14相比,误差较大,可能是3.1、3.12,或是3.17。当然,也可能刚好碰上3.14,但与其他值一样,这个值并不会让测量的人觉得有什么特别的意义。借助这样的实验,根本不可能得出可以使用的π值。

说到这里,我们就明白了,古时候的人为什么得不到圆周长度跟直径的确切比值了。阿基米德是通过思考,才得到了π值:$3\frac{1}{7}$。

圆周率的精确度

古代的阿拉伯有一位叫穆罕默德·本·木兹氏的数学家，他著有《代数学》一书，里面有关于圆周的计算方法，我摘录了其中的一段：

最好的方法是用 $3\frac{1}{7}$ 乘以直径，这是最简单、最快速的方法。也许，只有上帝才能找到比它更好的方法。

现在，我们知道阿基米德用 $3\frac{1}{7}$ 表示圆周长度跟直径的比值，这是不精确的。理论上已经证明，这个 π 值不可能用一个分数表示出来，这样无法得到精确值，我们只能用一个近似值来表示这个 π 值。

16 世纪时，欧洲就有人把 π 的值精确到了小数点后面第 35 位，并对外声称，要将其刻到自己的墓碑上，如图 –111 所示。这个数值是：3.14159265358979323 846264338327950288……到了 19 世纪，德国的圣克斯又把 π 值计算到了 707 位。

其实，用这么一长串数字来表示 π 的近似值，无论是在理论上还是实践中，这个数值都已经没有任何价值了。当然，如果你闲来无事，想超越圣克斯的"纪录"，那也无妨。比如，在 20 世纪 40 年代末，来自曼彻斯特大学的菲尔克森和来自华盛顿的戚乃齐把这个值计算到了 808 位，并发现圣克斯的计算从第

图 –111　π 值碑文。

528位开始有错误，他们引以为荣。

假设我们已经知道地球的精确直径，现在想计算出地球赤道的圆周长度的精确值，要求精确到1厘米，我们也只需要用到π值小数点后第9位。如果我们用小数点后18位的π值计算，赤道圆周长度的值可以精确到0.0001毫米，大概只有一根头发丝的百分之一。

对于一般的计算，只需要取π的值到小数点后面2位就够了，也就是取π为3.14。如果想计算得更精确些，可以取4位，根据四舍五入原则，π为3.1416。

杰克·伦敦也会犯错

Chapter 9
关于圆的旧知识与新知识

杰克·伦敦的小说《大房子里的小主妇》中,有一段关于几何学计算的描写:

在田地中央,深插着一段钢钎,旁边是一辆拖拉机,它们被一条钢索连了起来,且一段系在钢钎的顶部。司机按下了起动杆,把拖拉机启动了起来。

随着拖拉机的行驶,它在钢钎的四周画了一个圆圈。

格列汉说:"要想彻底改进这部拖拉机,办法只有一个,就是把拖拉机画出的圆形改成正方形。"

"是的,如果用这个方法在方块田地上耕作,会浪费很多土地。"

格列汉进行了一些计算,说:"这样的话,差不多每10英亩土地要损失3英亩。"

"可能比这个还会多。"

格列汉的计算到底对不对呢?现在,我们就来看一下。

【解答】 这个结果是错误的。实际上,损失的土地比全部土地的$\frac{3}{10}$要少。我们假设正方形田地的边长为a,这块正方形田地的面积就是a^2。这个正方形的内切圆直径也是a,所以这个圆的面积是$\frac{1}{4}\pi a^2$。正方形田地减去这个圆的面积是:

$$a^2 - \frac{1}{4}\pi a^2 = \left(1 - \frac{\pi}{4}\right)a^2 \approx 0.22a^2$$

可见,在正方形田地里面,没有耕种的部分,并未达到上文中说的30%,而是大约22%。

投针实验

还有一个方法能计算出π的近似值，而且特别有趣。

准备一些约2厘米长的缝衣针，去掉针尖，让每根针的上下粗细一样。然后，在一张白纸上画出一些平行的直线，要求每两条直线之间的距离正好等于针长的两倍。接着，把这些针逐个从高处落到纸上，看看它们有没有跟某一条直线交叉，如图-112（b）Ⅰ所示。

为了避免针在落到纸面上的时候跳起来，可以在纸的下面铺一层厚纸，或是放一些呢绒。试着多做几次，比如100次或1000次，次数越多越好，并把每次是否跟直线交叉记录下来。完成一定的次数后，把这个总次数除以交叉的次数，得到的数值就是π的近似值。

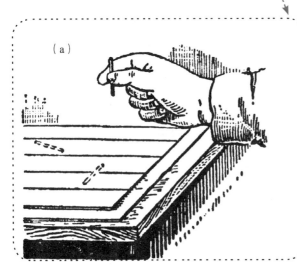
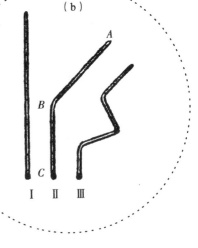

图-112 掷针实验。

Chapter 9
关于圆的旧知识与新知识

至于原理，我们来解释一下。

我们用 K 表示缝衣针和直线交叉的最多可能次数。我们知道，针长是 20 毫米，那么当缝衣针和直线交叉时，这个交叉点必定是在这 20 毫米中的某一个点上。对于这根针来说，这 20 毫米中的任何一点，或者说任何一毫米，跟别的点都有同样的可能性。所以，每一毫米可能和直线交叉的次数就是 $\frac{K}{20}$。如果针上某段的长度是 3 毫米，它可能和直线交叉的次数就是 $\frac{3K}{20}$；如果长度是 11 毫米，它可能和直线交叉的次数就是 $\frac{11K}{20}$……也就是说，缝衣针可能和直线交叉的次数跟缝衣针的长度成正比。

这个比值的大小，无关缝衣针的形状，即便它是弯曲的，如图-122（b）Ⅱ所示。图中，AB 段的长度是 11 毫米，BC 段的长度是 9 毫米，AB 段最多可能交叉的次数是 $\frac{11K}{20}$，BC 段是 $\frac{9K}{20}$，如果是整根缝衣针，就是 $\frac{20K}{20}$，也就是 K。我们可以把针弯曲得更厉害一些，如图-122（b）Ⅲ所示。但无论形状如何，交叉的次数都一样。需要注意的是，如果使用弯曲的缝衣针，很可能会同时在几个地方和直线交叉。此时，我们要把每一个交叉点作为一次，因为每个交叉点都代表某一段。

现在，假设我们把缝衣针弯成一个圆形，这个圆的直径刚好等于两条直线之间的距离，也就是说，这个圆的直径是我们开始时提到的缝衣针长的两倍。当这个圆环每次落下来的时候，肯定会和两条直线交叉或有接触，总之，肯定每次都有 2 次交叉。假设落下来的总次数是 N，那么总的交叉次数就是 $2N$。我们前面用到的直针长度比这个圆环短，直针的长度跟圆环长度的比值相当于圆环的半个直径跟圆环圆周长度的比值，也就是 $\frac{1}{2\pi}$。

刚刚我们已经得出，最多可能交叉的次数跟针的长度成正比，所以这个圆环最多可能的交叉次数 K 跟 $2N$ 的比值，应该是 $\frac{1}{2\pi}$，而 $K=\frac{N}{\pi}$，所以有：

$$\pi=\frac{N}{K}=\frac{\text{落下次数}}{\text{交叉次数}}$$

前面已提到，投掷的次数越多得到的结果越准确。瑞士有一位天文学家叫沃尔夫，据说他观察了 5000 次，最后得到的 π 值是 3.159，这个值只比阿基米德的差了一点点。

现在，我们知道了，圆周跟直径的比值可以用实验的方法得到，而且这个方法不需要画出图形，也不用画出圆的直径，甚至连圆规都省略了。就算是一个完全不懂几何学、对圆没有任何概念的人，只要有耐心，进行多次这样的实验，也能得到π的近似值。

绘制圆周展开图

【题目】 绝大多数情况下，用 $3\frac{1}{7}$ 表示 π 的数值就足够了。如果把一个圆的 $3\frac{1}{7}$ 倍直径画到一条直线上，就等于是展开了这个圆周。现在，我们介绍一种更简单也更为精确的绘制方法。

如图-113 所示，这是一个半径为 r 的圆周 O。现在，我们要把它展开。首先，作直径 AB，然后在点 B 作直线 CB，使它垂直于 AB，再从圆心 O 做直线 OC，

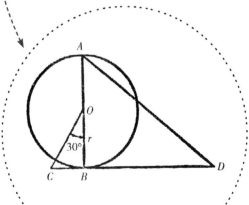

图-113 圆周展开图的简易绘制方法。

使 $\angle BOC=30°$。接着，在 CB 线上从点 C 起取一线段 CD，使它的长度等于 3 个半径，并连接点 D 和点 A。此时，线段 AD 的长度就等于圆周长度的一半。如果把 AD 延长 1 倍，得到的就是圆周长度的近似值。用这种方法计算出来的数值，误差小于 $0.0002r$。

你知道这个方法的根据是什么吗？

【解答】 根据勾股定理，有：
$$CB^2+OB^2=OC^2$$

在直角三角形 OBC 中，OB 等于半径 r，$\angle BOC=30°$，所以 $CB=\dfrac{OC}{2}$，有：
$$CB^2+r^2=4CB^2$$
$$CB=\dfrac{\sqrt{3}}{3}r$$

在直角三角形 ABD 中：
$$BD=CD-CB=3r-\dfrac{\sqrt{3}}{3}r$$
$$AD=\sqrt{BD^2+4r^2}=\sqrt{\left(3r-\dfrac{\sqrt{3}}{3}r\right)^2+4r^2}$$

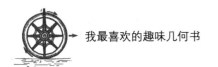

$$= \sqrt{9r^2 - 2\sqrt{3r^2 + \frac{r^2}{3}} + 4r^2} = 3.14153r$$

我们把这个结果跟 3.141593 比较，不难看出，两者之间的差只有 0.00006r，而 3.141593 已经是比较精确的 π 值了。

如果我们用这个方法展开一个半径为 1 米的圆，那么半个圆周产生的误差就是 0.00006 米，整个圆周的误差也不过是 0.00012 米，即 0.12 毫米，也就是几根头发的粗细，非常小了。

Chapter 9
关于圆的旧知识与新知识

方圆问题

关于"方圆问题",相信你一定听说过,就是已知一个圆的面积,要求做一个面积和这个圆的面积相等的正方形。这是几何学上的一道著名的题目。早在2000年前,数学家们就开始研究它,我相信在读者朋友中,肯定也有人曾经试图解答它。不过,对于多数读者来说,可能对于这个问题没有深入研究,对它困难的理解也感到奇怪。很多人恐怕会附和别人说,方圆问题不可解,但对这个问题的实质和解答上的困难之处,却并不清楚。

在数学上,无论是理论还是实际应用,有很多题目都比方圆问题有意思。可是,没有一道题目像方圆问题一样,被大家所熟识。方圆问题已经是老生常谈的问题了,2000年来,不少杰出的数学家和数学爱好者,都为它的解答付出了巨大的努力。

在现实生活中,我们经常会碰到这个题目。只不过,在实际应用中,我们通常以一个近似值作为解答。不过,这个有趣的古老问题,却要求人们非常精确地画出这个等面积的正方形。

作图的条件只有两个:

- 已知圆心的位置和半径,画出这个圆。
- 已知两个点,通过它们作一条直线。

题目要求只使用两种绘图工具来作图,一个是圆规,一个是直尺。

在非数学界人士中,流传着这样一种说法。他们认为,这个题目的困难在于圆周和直径的比,也就是π值,无法用一个精确的数值来表示。其实,这种理解是狭义的,这是由π的本质决定的。实际上,如果把一个矩形变成等面积的正方形并不难,而且能够完成得很精确。要是把一个圆变成一个等面积的正方形，就相当于只用直尺和圆规作一个等面积的矩形。

我们知道，圆的面积公式是：

$$S=\pi r^2 \text{ 或 } S=\pi r \times r$$

这里可见，圆的面积就等于一个边长是 r 的正方形面积的 π 倍。因此，问题就演变成了作出一条某个长度的 π 倍的线段。我们知道，π 的精确值并不是 $3\frac{1}{7}$，也不是 3.14 或者 3.14159。π 的值是一个位数无止境的数字，这就是 π 的特性，它是一个无理数。

18 世纪的时候，数学家朗伯特和勒尔德尔指出了 π 的这一特性，但是，π 是无理数的这一特点并没有使那些狂热求解这一问题的人停止努力。在他们的理解中，就算 π 是无理数，也不代表此问题不可解决。事实上，的确有一些无理数是能够用几何学的方法把它们的图作出来的。比如，要求作一段某个长度的 $\sqrt{2}$ 倍的线段。我们知道，$\sqrt{2}$ 也是一个无理数，但这个问题很好解决。只要作出一个正方形，让它的边长等于这个长度，它的对角线长度就是要求的线段。

如果要作 $a\sqrt{3}$ 的线段，就算是初中生，也可以做出来，这实际上就是一个圆的内接等边三角形的边长。不仅如此，下面的这个无理数，也能够用图的方法作出来：

$$\sqrt{2-\sqrt{2+\sqrt{2+\sqrt{2+\sqrt{2}}}}}$$

要想求出这个式子的值，只要作出一个正六十四边形就行了。

可见，一个无理数并非完全不可能用圆规和直尺作出它的图来。所以，方圆问题不可解，也不仅仅因为 π 是一个无理数，而是因为它的另一个特性：π 不是一个代数学上的数，因此它不可能是一个有理数方程的根。我们把这种数称为超越数。

14 世纪的时候，法国一位叫维耶特的数学家，证明了下面的式子：

$$\frac{\pi}{4}=\frac{1}{\sqrt{\frac{1}{2}} \times \sqrt{\frac{1}{2}+\frac{1}{2}\sqrt{\frac{1}{2}}} \times \sqrt{\frac{1}{2}+\frac{1}{2}\sqrt{\frac{1}{2}+\frac{1}{2}\sqrt{\frac{1}{2}}}}\cdots\cdots}$$

Chapter 9
关于圆的旧知识与新知识

如果这个式子中的数是有限次的运算，那么方圆问题就能解决了，我们可以用几何学的方法把这个式子作出图来。然而，上式中的分母是无穷的，因此这个公式无法给解决方圆问题带来帮助。

这就是说，方圆问题之所以不可解，是因为π是一个超越数，它不可能由一个有理系数的代数方程解出来。1889年，德国一位叫林特曼的数学家，严格证明了π的这一特性。从某种意义上来说，他也是唯一成功解答方圆问题的人，尽管这个答案是否定的，可他证明了。在几何学上方圆问题是不可能作出图来的。因此，在1889年以后，很多数学家都放弃了这一努力，方圆问题也告一段落。但依然有很多数学爱好者并不了解这一历史，所以他们还在做着没有结果的努力。

这就是关于方圆问题的理论。

其实，这个问题并不需要非常精确的解答。对于日常生活来说，只有对这个问题有一个近似的求解方法就足够了。要作一个和圆的面积相等的正方形，只要取π的前7、8位数就可以满足我们生活中的需要了，再多也是无用的。取π=3.1415926就足够了。一般长度的测量，不可能得到七八位数的结果，更不用说更多位数了。如果采用8位以上的π值，基本上没什么实际意义，最后得到的精确度也未必更好。如果我们用7位数来表示半径，那么即便你用一个100位的π来计算，最终得到的圆周长的精确值也不会多于7位。过去，有些数学家花费大量精力取尽可能多的π的位数，实际上没有任何价值，且这种事情对于科学发展起的作用微乎其微，只是需要一些耐心罢了。如果读者朋友感兴趣，也有充裕的时间的话，可以试试。比如，利用下面的莱布尼兹无穷级数，计算出π值的上千位数字：

$$\frac{\pi}{4}=1-\frac{1}{3}+\frac{1}{5}-\frac{1}{7}+\frac{1}{9}-\cdots\cdots$$

这里的计算要很小心，即便在上式中取2000000项，最终得出的π值也就是6位数。所以，这个练习题对于任何人来说都没什么用途，更无助于几何学题目的解答。

法国的天文学家阿拉戈也研究过这个问题，他曾说："那些想解答方圆问题的人，仍然在继续解答这个题目。"其实,这个题目早就被人们证明了不可解,就算这个题目是可解的,对于我们的实际生活也没什么意义。那些自以为聪明的人、专心求解的人,最终只是徒劳。

宾科三角板法

接下来，我们来讲一个近似解方圆问题的方法，它是由俄罗斯工程师宾科提出的。因此，在这个方法中用到的三角板也被称为"宾科三角板"。在实际生活中，这个方法用起来很便捷。

方法是这样的：如图-114所示，作出一个角 α，使它满足下面的关系：

$$\cos \alpha = \frac{AC}{AB} = \frac{x}{2r}$$

这里的 AB 是圆的直径，r 是半径。AC=x 是圆上的一条弦，即所求的正方形的边长。已知 cos α 是 α 的余弦函数，$\cos \alpha = \frac{AC}{AB}$。

这就是说，正方形的边长 x 是 $2r\cos \alpha$，其面积是 $4r^2\cos^2 \alpha$。从另一种意义上说，正方形的面积是 πr^2，也就是这个圆的面积。所以：

$$4r^2\cos^2 \alpha = \pi r^2$$

$$\cos^2 \alpha = \frac{\pi}{4}$$

$$\cos \alpha = \frac{1}{2}\sqrt{\pi} = 0.886$$

通过查阅三角函数表，我们得到：

$$\alpha = 27°36'$$

因此，只要作一个弦，使它和直径成的角是 27°36'，我们就能得到这个正方形的边长，而这个正方形的面积也等于圆的面积。在实际中，我们可以做一块三角板，使它的角度为 27°36'。有了这块三角板，我们就能对任何一个圆，作出一个和它等面积的正方形。

如果你很想动手制作一块这样的三

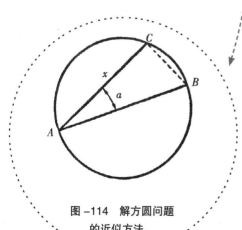

图-114 解方圆问题的近似方法。

角板，下面的内容可能对你有帮助。

27°36′的正切函数，也就是tan27°36′，它的值是0.523，或者$\frac{23}{44}$。也就是说，三角形的两条直角边的比值是$\frac{23}{44}$。在制作的时候，你可以先作一个直角三角形，再把一个直角边的长度取22厘米，另一直角边的长度取11.5厘米，这样就得出这个角度了。当然，利用这块三角板，我们还能作出其他的图形。

Chapter 9
关于圆的旧知识与新知识

谁走了更多的路，是头还是脚

在凡尔纳的小说中，有一位主人公好像做过这样的计算：他旅行的时候，到底是身体的哪个部分走了更多的路呢？是头还是脚？

如果我们用一种恰当的方式来提出这个问题，也不失为一个很有教育意义的几何题。现在，我们就共同探讨一下这个问题。

【题目】 假设你沿着赤道围绕地球走了一周，你的头顶比你的脚底多走了多少路？

【解答】 假设地球的半径是 R，你的身高是 1.7 米，你的脚底就走了 $2\pi R$（米）的路，而你的头顶则走了 $2\pi(R+1.7)$（米）的路。所以，你的头和脚走的路的差就是：

$$2\pi(R+1.7)-2\pi R=10.7（米）$$

也就是说，头比脚多走了 10.7 米。

有趣的是，我们的答案中不包含地球半径的值，所以无论你是环绕地球旅行，还是环绕木星或者其他的很小的行星走，结果都是一样的。因为两个同心圆的周长的差与它们的半径无关，只跟两个圆周之间的距离有关。如果把地球的轨道半径增加 1 毫米，那么圆周长增加的部分跟把一枚 5 分硬币的半径增加 1 毫米，圆周长的增加值是完全一样的。

下面这道题也很有趣，被很多数学游戏题集收录：

如果我们把一根铁丝绑到地球的赤道上，再把这根铁丝延长一米，那么在这根松动的铁丝和地球之间，是否可以穿过一只老鼠呢？

很多人可能会说，这个间隙恐怕要比一根头发丝还细。在他的头脑中，1 米跟

赤道的长度 40000000 米相比,差距太大了!事实上呢?这个缝隙并不小,它足足有 16 厘米,我们可以计算出来:

$$\frac{100}{2\pi} \approx 16$$

看,这何止能穿过一只老鼠,就算是一只大猫也能穿过去!

Chapter 9
关于圆的旧知识与新知识

赤道上的钢丝降温1℃，会发生什么变化

【题目】 假设用一根钢丝把地球在赤道上紧紧绑起来，当这根钢丝冷却1℃后，会发生什么情况？钢丝在冷却的过程中会收缩，我们假设钢丝没有断裂或被拉长，那它会切入地里多深呢？

【解答】 乍一看这道题，可能会觉得，温度只降低了1℃，变化非常有限，就算会陷入地里面，也不可能陷得很深。然而，计算结果却会颠覆我们的想象。

钢丝每冷却1℃，它的长度就要缩短十万分之一，钢丝的全长与赤道的周长一样，是40000000米，因此钢丝会缩短400米。不过，这400米只是缩短的圆周长度，而非半径。半径缩短的长度比它要小，我们可以计算出来：

$$\frac{400}{2\pi} \approx 64 \text{（米）}$$

也就是说，如果这根钢丝冷却1℃，钢丝由于缩短会切入到地里面去，切进去的深度绝非我们想象中的几毫米，而是60多米。

"吊索人偶"的制作原理

当一个圆沿着跟它处于同一平面的某条直线滚动时,这个圆上的每一个点都会跟这个平面接触。通常来说,这个圆有自己的轨迹。如果我们仔细研究一个圆沿着一条直线或圆周运行的轨迹,就会发现,有很多种不同的曲线。如图-115和图-116所示,它们就是其中的两种。

在图-129中,我们会遇到这样的问题:当一个小圆在另一个大圆的圆周内侧滚动时,它上面的某一个点能不能画出一条直线轨迹呢?乍一看,似乎是不太可能的。但是,我亲眼目睹过这样的运行图。

图-117中是一个玩具,有人把它称为"吊索人偶"。我们也能快速做出这样一个玩具来:找一块厚的硬纸板或木板,在上面画出一个直径为30厘米的圆,

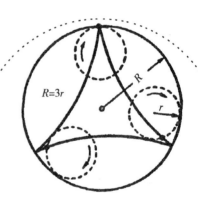

图-116 小圆在一个大圆内侧滚动时,某点所形成的轨迹,这里 $R=3r$。

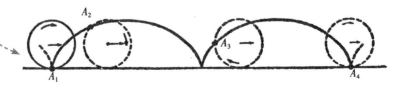

图-115 圆周上的点 A 沿直线做无滑动的转动时的转动轨迹。

切记要把圆画在纸板的中央,纸板的四周要留一些空白,然后画出圆的直径,把它向两边延长。

如图-118所示,画出直径延长线,在圆的两边分别插上一根缝衣针。找一根细绳,把它穿进两根针的孔里。拉紧细绳,将绳子的两头固定在纸板的两边。然后,用剪刀剪掉刚开始画出来的圆,这样纸板上就有了一个直径30厘米的大圆孔。再找一块硬纸板或者木板,在上面画一个直径15厘米的圆,并把它剪下来。把这个小圆放到大圆孔中。在小圆的边上插上一根缝衣针,再用刚才剩下的纸板剪出一个人偶形象,把它的脚固定在这根缝衣针的尖上。

当我们让这个小圆紧贴着大圆的内侧滚动时,会发现小圆上的缝衣针和人偶会沿着那条绷紧的细绳前后移动。我们可以这样解释这个现象:当小圆滚动时,小圆上插了缝衣针的那个点在完全沿着大圆的直径滚动。

可是,在图-119所示的情况下,滚动的圆上的点为什么没有沿着直线移动,而是形成了一条曲线呢?通常,我们把这条曲线称为圆内旋轮线。实际上,

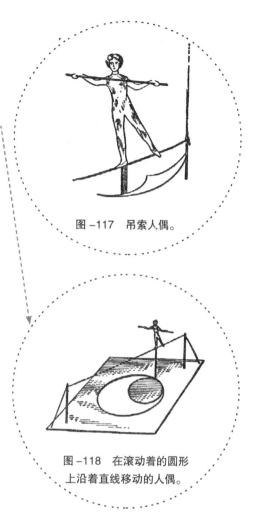

图-117 吊索人偶。

图-118 在滚动着的圆形上沿着直线移动的人偶。

这是由大圆和小圆直径的比值决定的。

【题目】 请证明:当一个小圆在另一个大圆周内侧滚动时,如果它们直径的比值是1∶2,当小圆滚动时,它上面的点将沿着大圆周的直径做直线运动。

【解答】 如图-132所示,假设大圆 O 的直径是小圆 O_1 的直径的2倍,

191

图-119 "吊索人偶"的几何学图示。

当小圆 O_1 滚动时,无论它滚动到什么地方,它的圆周上总有一个点在大圆 O 的圆心。现在,我们来看看小圆上的点 A 移动的情形。假设在某一时刻,小圆沿着弧线 AC 滚动。那么,当小圆 O_1 在这个位置上时,点 A 在什么地方?显然,它应该处于圆周上的点 B 上。此时,弧线 AC 和 BC 的长度相等。

假设 $OA=R$,$\angle AOC=\alpha$,则有 $AC= R \times \alpha$。所以,$BC=R \times \alpha$,而 $O_1C=\dfrac{R}{2}$,因此:

$$\angle BO_1C = \dfrac{R \times \alpha}{\dfrac{R}{2}} = 2\alpha$$

而 $\angle BOC = \dfrac{2\alpha}{2} = \alpha$,也就是说,点 B 仍然在直线 OA 上。

其实,刚才介绍的这个玩具,就是把旋转运动变成了直线运动。

Chapter 9
关于圆的旧知识与新知识

飞越北极的路线

俄国有一位英雄名叫克雷莫夫。他曾经跟朋友们进行过一次飞行实践，从莫斯科飞到北极上空，再飞到圣大新多。最终，他以 62 小时 17 分钟的飞行时间打破了两项世界纪录：在不着陆的情况下，完成了 10200 千米的直线飞行和 11500 千米的折线飞行。

假设有一架飞机，沿着子午线从东半球北纬某一纬度上的某个点飞越北极，在 48 小时后，它抵达了西半球北纬同一纬度上的一点。那么，这架飞机是否会跟地球一样，绕着地轴旋转呢？

你可能也听过这个问题，但所得到的答案却不一样。无论是什么飞机，只要飞过北极，必然会跟着地球一起旋转。因为飞机在飞行时，并未飞越大气层，只是离开了地球的硬壳表面，它依然被地球带着围绕地轴旋转。因此，这架飞机在飞越北极时，会随着地球围绕地轴旋转。

可是，问题又来了，飞机飞行的轨迹是什么样的呢？

在回答这个问题时，有一点需要我们注意：当我们说"一个物体在运动"时，通常说的是这个物体相对于另外一个物体发生了位置的改变。所以，物体的轨迹终究还是运动的问题。在提出这个问题的时候，如果没有指明坐标系，或者说并未告诉我们相对于什么物体发生了运动，这个问题就变得没有意义了。

如果一架飞机沿着子午线飞行，它肯定在跟着地轴在旋转。因为子午线跟地球在一起，也会围绕地轴旋转。可对于地球上的观察者来说，却无法感受到这个飞行的真正轨迹，因为它围绕地轴旋转这一点是相对别的物体来说的，而不是地球。

对于地球上的我们来说，这架飞机飞越了北极，并形成了轨迹。如果飞机是准确沿着子午线飞行的,并始终与地球的中心保持相同的距离,那么这个轨迹就是一个大圆上的一段弧线。现在,我们已经得到了飞机相对于地球的运动轨迹,且知道这架飞机会跟着地球一起围绕地轴旋转。这就是说,我们知道地球和飞机都在相对于第三个物体进行运动。那么,如果观察者站在第三个物体上,飞机的飞行轨迹是什么样的呢?

听起来似乎有点复杂,我们不妨将其简化一下:假设地球的北极周边是平的圆盘,它所在的平面与地轴垂直,这个圆盘在这个平面上围绕地轴旋转。我们再假设有一辆玩具车,沿着圆盘的直径向前匀速移动,用它来表示飞机沿着子午线飞越北极。

【题目】 这辆玩具车在这个平面上会有什么样的路径?确切地说,是玩具车上的某个点,比如说它的重心的移动轨迹是什么样子的?

这辆玩具车从直径的一端运动到另一端所花的时间,取决于它的运动速度。我们可以分3种情况来进行分析:

• 玩具车用12个小时跑完全程。
• 玩具车用24个小时跑完全程。
• 玩具车用48个小时跑完全程。

我们知道,那个圆盘围绕地轴旋转一圈花的时间是24小时。

第一种情况:如图-120所示,如果玩具车花12个小时跑完了圆盘的直径长度。在这个时间里,圆盘转了半圈,也就是180°。这就是说,点A和点A'刚好互换一下位置。在图-121中,圆盘的直径被分成了8个相等的部分,玩具

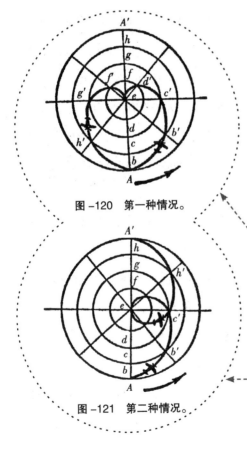

图-120 第一种情况。

图-121 第二种情况。

车跑完每一部分花的时间是 12 ÷ 8 = 1.5 小时。试问：玩具车走了 1.5 个小时之后，走到了什么地方？如果圆盘不旋转，玩具车从点 A 出发，走了 1.5 个小时之后，会到达点 b。然而，圆盘是旋转着的，在这 1.5 个小时中，它旋转的角度是 180° ÷ 8 = 22.5°。所以，玩具车到达的位置就不是点 b 了，而是点 b'。

此时，如果观察者也坐在这个圆盘上，他就无法感受到圆盘的旋转，只能看到汽车从点 A 到达了点 b。如果观察者在这个圆盘的外面，并没有随着圆盘旋转，他就会看到另外一种情形。对他而言，玩具车到达了点 b'。再经过 1.5 个小时的话，在圆盘外面的观察者看到玩具车走到了点 C。在下一个 1.5 个小时里，观察者会看到玩具车是沿着弧线 c'd' 运动的，再过 1.5 个小时，汽车会到达圆心 e。

如果观察者站在圆盘外面，继续观察玩具车的运动轨迹，他看到的情形将会出人意料：玩具车画出了一条曲线 ef'g'h'A。更令人费解的是，玩具车最终停在了出发点 A 上，而不是到了直径的另一端 A'。

其实，这个意外的结果也不难解释：玩具车沿着直径的后半段走了 6 个小时，在这段时间里，玩具车行驶半径跟着圆盘转了 180°。也就是说，它占据了直径的前半段所在的位置，甚至汽车在通过圆盘的中心时依然跟着圆盘旋转。只不过，在圆盘的中心点上，不可能放下整辆汽车。

事实上，汽车上只有一个点跟圆盘的中心点正好吻合，这一时刻发生在一瞬间。接着，整辆汽车继续跟着圆盘围绕这点旋转下去。我们前面提到的飞机，在飞越北极时也如此。所以，沿着圆盘的直径，玩具车从一端转到了另一端，在不同的观察者看来，形状不一。对于站在圆盘上的观察者而言，这个路径是一条直线，而对于在圆盘外面没有跟圆盘一起转动的观察者来说，这个路径是一条曲线，如图 -121 所示。

当具备了下列的条件，我们也能看到这条曲线：假设飞机飞越北极的时间是 12 个小时，如果从地球的圆心来观察飞机，把它的运动视为与地轴垂直的平面运动，就能够看出来。在此，我们假设地球是透明的，你与那个平面都不跟随地球旋转。

我们讲了两个有关运动的有趣案例。事实上，飞机飞越北极到另一半球所花的时间并不是 12 个小时。我们可以再来看一个类似的情形。

第二种情况：如图 -121 所示，玩具车跑完直径长度花的时间是 24 个小时。

在这 24 个小时中，圆盘正好自转了一圈，对于没有跟着圆盘转动的观察者而言，玩具车的运行路径形状如图-134 所示。

第三种情况：如图 -122 所示，圆盘旋转一圈所花的时间还是 24 小时，但玩具车跑完直径的长度所花的时间是 48 小时。在这样的情况下，如果汽车跑了直径的 $\frac{1}{8}$ 长度，它所花的时间是 48÷8=6 个小时。

那么，在这 6 个小时中，圆盘转动的角度将是一圈的 $\frac{1}{4}$，也就是 90°。所以，玩具车跑了 6 个小时后，倘若圆盘没有转动，它应该沿着直径跑到点 b 处。可圆盘是一直转动的，所以它跑到了点 b'。下一个 6 个小时后，它跑到了点 g……48 小时之后，玩具车会跑完直径全长，圆盘整整转了两圈。所以，这两个运动

会叠加。在圆盘之外的观察者看来，它的运行轨迹会是图 -122 黑线所示的一条连续曲线。

本节开篇提到的关于花 48 小时飞越北极的飞机的情形，与这里的第三种情况雷同：从俄罗斯的莫斯科飞到北极要花 24 小时。如果从地球的圆心来观察这个飞机，我们会看到，它的飞行轨迹如图 -135 中的直线路线，接下来的飞行所走过的路线长度约是前面的 1.5 倍。此外，从北极到圣大新多的距离正好是从莫斯科到北极距离的 1.5 倍。所以说，在位置不变的观察者看来，整个飞行的后半部分和前半部分一样，轨迹也是直线的，只不过这个距离是前者的 1.5 倍。

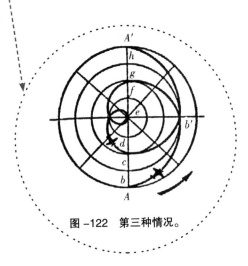

图 -122　第三种情况。

最终，飞行轨迹所形成的曲线如图-123所示。对于既没有参加飞行，也没有跟着地球旋转的观察者来说，这就是从莫斯科到圣大新多的飞行路线。也就是说，倘若我们站在地球的圆心来观察这架飞机的飞行轨迹，会看到飞机飞越北极形成的轨迹就是这个样子。

是否可以说，这条复杂的路线就是这架飞机飞越北极的真正轨迹呢？答案是否定的。这条路线只是没有跟着地球旋转的人眼中的样子，就像一般的飞行也是相对旋转着的地球来说一样。倘若我们能够在月球或者太阳上观察这个飞行的话，我们看到的飞行轨迹的形状会更奇怪。

大家都知道，月球没有随着地球的自转而转动，但它每个月都要围绕地球旋转一圈。如果飞机飞越北极花了48小时，月球围绕地球走过的弧线大概是

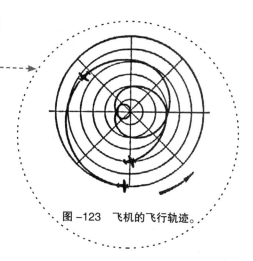

图-123 飞机的飞行轨迹。

25°。倘若从月球上观察这架飞机，也会影响到飞行轨迹的形状。若是在太阳上观察这架飞机的飞行，还需要考虑第三种运动，即地球会围绕太阳转动的影响。

恩格斯的《自然辩证法》中有这么一段话："不存在单个物体的运动，所有的运动都是相对的。"通过本节的学习，相信读者朋友们已经对此有了更加深入的理解。

传动皮带有多长

学生们终于完成了手头的工作。临别之际，老师给了他们一个题目，建议他们试着解答。

【题目】 如图-124所示，工厂新添了一个装置，需要在上面装一条传动皮带。然而，这条皮带不同于普通的传动皮带，它不是在两个皮带轮上，而是装置在3个皮带轮上。这3个皮带轮的尺寸是完全相同的，直径和相互之间的距离在图-138中有详细的说明。假设这些尺寸是已知的，且不能够再测量，如何才能快速得出传动皮带的长度？

学生们陷入了思考中。片刻后，一位学生说道："我认为，这个题目的难点在于图中没有画出传动皮带绕过每个皮带轮的弧线长度，也就是弧线AB、CD和EF的长度。要想分别求出这3条弧线的长度，还得知道它们相应的圆心角大小。如果没有量角器的话，这个题目很难解答。"

老师听后，说："你刚才提到的那几个圆心角，可以用三角公式和对数表，利用图中的尺寸计算出来。可如果用这种方法就绕远了，还会让计算变得复杂。其实，量角器不是必须的，我们不需要知道他们每条弧线的长度，只需要知道……"

"只需要知道这几条弧线长度的和就行了。"好几个想到了解答方法的学生抢着说道。

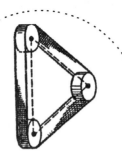

图-124 由3个皮带轮带动的皮带。

Chapter 9
关于圆的旧知识与新知识

"很好。你们都回去吧,记得明天把答案交上来。"

现在,请不要急着看学生们的答案。根据刚才老师和学生的对话,你不妨试着自己解答一下。

【解答】 没错,我们很容易就能算出传动皮带的长度:只要把3个皮带轮间的距离(中心点之间的距离)加起来,再加上一个皮带轮的周长就行了。

假设传动皮带的长度是 L,那么:

$$L = a + b + c + 2\pi r$$

这就是说,传动皮带跟每个皮带轮接触的部分的和正好等于一个皮带轮的周长。这一点,几乎所有的学生都想到了,可要让他们证明这一点,却未必每个人都能做到。

在收到的所有解答方法中,下面的方法被老师认为是最简便的一种。

如图-125所示,假设 BC、DE 和 FA 分别是3个皮带轮圆周上的切线。从各个切点向各自的圆心引一条半径。已知3个皮带轮的半径是相等的,所以 O_1BCO_2、O_2DEO_3、O_1O_3AF 都是长方形,可知:$BC+DE+FA=a+b+c$。最后,证明传动皮带跟每个皮带轮接触的部分的和,也就是 $\overset{\frown}{AB} + \overset{\frown}{CD} + \overset{\frown}{EF}$,刚好等于一个皮带轮的周长。

为了证明这个问题,我们可以先作一个半径为 r 的圆 O,如图-138右图。然后,作直线 $OM//O_1A$、$ON//O_1B$、$OP//O_2D$,可得:

$$\angle MON = \angle AO_1B$$

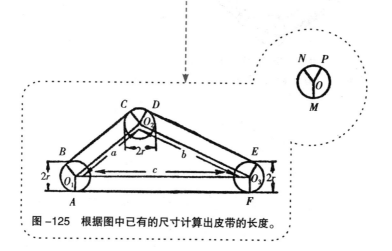

图-125 根据图中已有的尺寸计算出皮带的长度。

$\angle NOP = \angle CO_2D$

$\angle POM = \angle EO_3F$

各个角的边相互平行，所以：

$AB+CD+EF=MN+NP+PM=2\pi r$

所以，传动皮带的长度是：

$L=a+b+c+2\pi r$

利用同样的方法，我们还可以证明：如果不是3个皮带轮，而是更多的皮带轮，只要它们的直径都相等，那么传动皮带的长度都是等于这个皮带轮之间的距离和加上一个皮带轮的周长。

【题目】 如图-126所示，这是装在4个相同直径的轮子上的传动皮带。其实，在中间也有一些轮子，但对本题没有影响，因而省略了。你是否可以根据图上的比例尺寸，得出这条传动皮带的长度？

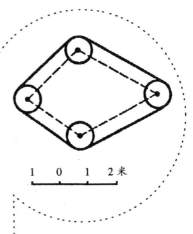

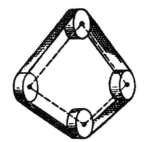

图-126 根据比例尺，测量所需的尺寸，计算出传动皮带的长度。

Chapter 9
关于圆的旧知识与新知识

"聪明的乌鸦"真的能喝到水吗

小学课本中，收录过一则乌鸦喝水的故事，大意是讲：一只乌鸦口渴了，它找到了一个窄口径的瓶子，但是瓶子里的水不多，乌鸦的嘴又不能伸到瓶子里面。最后，乌鸦想到了一个办法，它找了一些小石头，把它们一块块地扔进瓶子里。这样，瓶子里的水就升高了，乌鸦喝到水了。

我们不去探讨这只乌鸦是不是真的有这聪明，我们只谈谈这个故事中的几何学问题。现在，就一起来看下面的题目。

【题目】 假设瓶子里面的水正好到瓶子一半的高度，这只乌鸦能喝到水吗？

【解答】 通过解答这个题目，我们就会知道，乌鸦所用的办法，不是任何水量都适用的。

为了简化问题，我们假设这个瓶子是方柱体的形状，投进去的石头都是大小相同的球体。这样就不难得出，瓶子里水的体积应该大于投进瓶子里的石头空隙的体积。只有这样，瓶子里的水才能升到石头之上。也就是说，水会把石头的空隙全部填满，并多出一部分，才能升到石头上面。

现在，我们来计算一下，这些空隙究竟占了多大的体积？要想计算空隙的体积，最简单的方法就是假设每块石头的圆心正好在一条竖直线上，即石头是上下垂直摆放在一条直线上的。假设每块石头的直径为 d，那么它的体积就是 $\frac{1}{6}\pi d^3$，而跟它外切的立方体体积是 $\left(d^3 - \frac{1}{6}\pi d^3\right)$，也就是这个外切立方体中没有被石头占据部分的体积。它们的比值是：

$$\frac{d^3 - \frac{1}{6}\pi d^3}{d^3} \approx 0.48$$

上式告诉我们什么呢？在每个外切立方体中，没有被石头占据部分的体积是整个体积的48%。也就是说，瓶子里面所有空隙体积的总和，比瓶子容积的一半略小。如果瓶子的形状不是方柱体的，石头也不是球形，答案也不会改变。无论在什么情况下，我们能够肯定的是，如果瓶子里起初的水量不到瓶子容积的一半，无论这只乌鸦如何往里投掷石头，都无法让瓶子里面的水升到瓶口的位置。

倘若这只乌鸦有超强的本能，会摇动瓶子，让里面的石块相互间更紧密，那它完全可能把水面提高到原来的2倍高度。但我们知道，这是不可能的，它根本做不到。所以，最实际的情形就是，石头堆积得比较松散。通常来说，盛水的瓶子都是中间粗、两头细，由此能够降低水面升高的程度。这样的话，我们几乎就可以肯定地说：如果瓶子里面的水不到瓶子一半的高度，不管乌鸦如何努力，都没办法喝到里面的水。

Chapter 10　无须测算的几何学

不用圆规也能作图

通常来说，几何作图都要用到直尺和圆规。可在本章中，我们会看到，有时不用圆规也能作出图来，尽管在某些情况下看来，这些图似乎非要用圆规不可。

【题目】 如图-127 a所示，不用圆规，从半圆外面的点A作一条垂直于直径BC的直线。请注意：图中并未给出圆心的位置。

【解答】 这里我们要用到三角形的一个特性，就是三角形各个边上的高相交于同一点。如图-140b所示，连接点A和B、C两点。显然，直线BE垂直于直线AC，直线CD也垂直于直线AB，也就是说，直线BE和CD是三角形ABC的高。根据三角形的性质，另一条高也必然通过点M。连接点A和点M，并延长至点F，此处的点F是AM延长线与直线BC的交点，所以直线AF就是所求的垂线。你看，这里完全没有用到圆规哦！

如图-128所示，如果点A的位置在其他地方，有可能使所求的垂线会在圆的直径的延长线上。碰到这样的情况，就需要给出整个的圆，不然是没办法解决的。其实，图-141所示的情况，跟上面的题目没有本质上的区别，只是三角形ABC的高相交于圆的外部，而不在圆的内部而已。

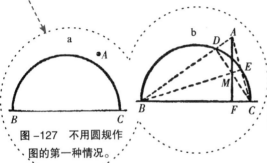

图-127 不用圆规作图的第一种情况。

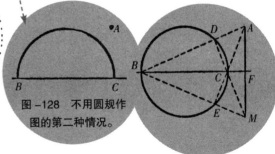

图-128 不用圆规作图的第二种情况。

薄片的重心在哪里

【题目】 众所周知，倘若一块矩形薄片或菱形薄片的厚度均匀，它的重心会落在对角线的交点上。如果是三角形薄片，它的重心就落在各条中线的交点上。如果是圆形薄片，重心就落在圆心的位置。如图-129所示的这块薄片，由两个矩形组成，现在要求只使用直尺作图，不能进行任何的测量和计算，你能找出它的重心在什么位置吗？

【解答】 如图-130所示，延长边 DE，使它与 AB 交于点 N，延长边 FE，使它与 BC 交于点 M。我们姑且把这块薄片视为是由矩形 ANEF 和矩形 NBCD 组成。每一个矩形的重心都在它们对角线的交点上，也就是在点 O_1 和 O_2 处。所以，整个薄片的重心必定在直线

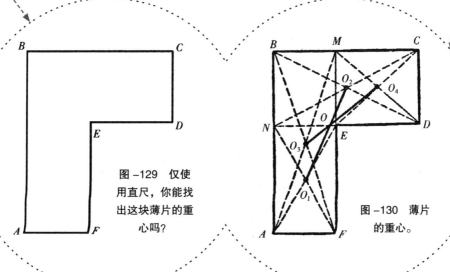

图-129 仅使用直尺，你能找出这块薄片的重心吗？

图-130 薄片的重心。

O_1O_2 上。

现在，我们将这块薄片视为由矩形 ABMF 和矩形 EMCD 组成，这两个矩形的重心分别在点 O_3 和 O_4 处。同理，整个薄片的重心肯定在直线 O_3O_4 上。所以，整个薄片的重心必定在直线 O_1O_2 和 O_3O_4 的交点 O 处。你看，只是利用直尺，我们就解决了这个问题。

Chapter 10
无须测算的几何学

拿破仑也感兴趣的题目

前面的题目,都是只用直尺而不用圆规来作图解答的。现在,我们来看看另外几个题目,要求的条件与之相反,只允许使用圆规,而不能用直尺作答。这类题目,曾经也让拿破仑很感兴趣。据说,他在读了意大利学者马克罗尼关于这类题目的著作后,给数学家们出了这样一个题目。

【题目】 不使用直尺,把一个已知圆心的圆周平均分成 4 部分。

【解答】 如图-131所示,假设圆 O 已知,现要求把它的圆周平均分成四部分。

把圆规的两只脚放到圆心和圆上的一点,测量出它的半径 r。然后,保持圆规的两只脚不动,从圆周上的点 A 开始,在圆周上依次作出点 B、点 C 和点 D。根据圆的性质,我们可知,弧线 AC 的长度等于圆周长度的 $\frac{1}{3}$。也就是说,AC 是这个圆的内接正三角形的一条边,因此它的长度是 $\sqrt{3}\,r$。AD 的距离刚好等于圆的直径,即 $2r$。接着,以 AC 为半径,从点 A 和点 O 分别画一条弧线,相交于点 M,MO 间的距离正好是这个圆的内接正方形的边长。

为什么呢?因为,三角形 AMO 的直角边 $MO=\sqrt{AM^2-AO^2}=\sqrt{3r^2-r^2}=\sqrt{2}\,r$,这个长度正好是这个圆的内接正方形的边长。接下来,以 MO 的长度为半径,

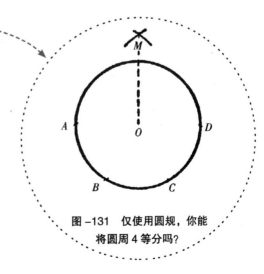

图-131 仅使用圆规,你能将圆周 4 等分吗?

用圆规在这个圆周上划分，就能画出这个圆的内接正方形的顶点。显然，这些顶点刚好把圆周平均分成了4部分。

下面，我们再来看一个更简单的题目。

【题目】 如图-132所示，不使用直尺，使点A和点B之间的距离增加到5倍，或是其他任何的倍数。

【解答】 在图-145中，以AB为半径，点B为圆心，用圆规画一个圆。从点A开始，以AB为长度，在画出的圆周上依次画3个点，找到点C，点C和点A的连线必过圆心B。这就是说，AC是圆的直径，所以AC=2AB。

接着，以BC为半径，点C为圆心，画一个圆，得出这个圆上与点B相对的直径上的一点。这就是说，此点到点A的距离等于AB的3倍。后面的步骤很简单，读者们可以自己试一下。

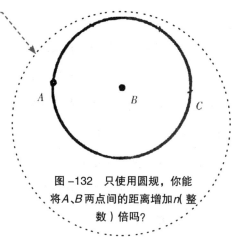

图-132 只使用圆规，你能将A、B两点间的距离增加n(整数)倍吗？

最简单的三分角器

如果给出一个任意角,只允许使用圆规和一把没有刻度的直尺,根本无法把这个角分成 3 等分。在数学领域中,也从来没有不允许使用其他工具来划分一个角度。为了实现这个目的,人们想出了许多机械工具,并将这种工具称为三分角器。

我们都能制作出这样一个三分角器,材料只用厚纸板或者薄铁片就行。这样,绘图的时候就能使用它了。图 -133 中的阴影部分,就是一个实际大小的三分角器。线段 AB 的长度等于半圆的半径,BD 垂直于 AC,并和半圆相切于点 B,BD 的长度可以任意选取。

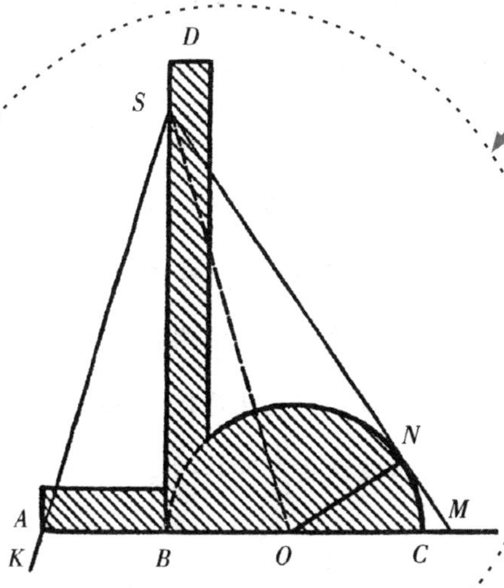

图 -133 中标出了这种三分角器的使用方法。现在,我们如何把 ∠KSM 进行 3 等分呢?

把 ∠KSM 的顶点 S 放到这个三分角器的 BD 上,使 ∠KSM 的一边过点 A,另一边跟半圆相切。接着,画出直线 SB 和 SO。现在,∠KSM 就被分成了 3 等分。

这种作法的正确性很容易证明:假设 ∠KSM 跟半圆相切于点 N,连接 ON。显然,三角形 ASB 全等于三角形 OSB,而三角形 OSB 全等于三角形 OSN。也就是说,这些三角形都是全等的。所以,∠ASB、∠OSB 和 ∠OSN 都相等,证明完毕。

事实上,这种 3 等分角的方法不再是纯几何学的问题了,我们可以将其称为机械方法。

图 -133 三分角器的使用方法。

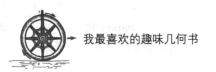

用怀表将角 3 等分

【题目】 用圆规、直尺和怀表,能不能把一个给定的角 3 等分?

【解答】 答案是可以的。找一张透明的薄纸,把这个角描到上面。当怀表上的长针和短针并在一起时,把描了角的透明纸铺到怀表的表面上,使这个角的顶点刚好位于短针的轴心上,角的其中一边跟并在一起的针重合,如图-134 所示。

当怀表的长针走到跟角的另一边重合时,也可以手动把长针拨到那里,在透明纸上,依顺时针的方向从角的顶点画一条线。这样就得到了一个角,此角的大小等于时针转动的角度。接下来,用圆规和直尺把这个角放大一倍,再把放大了的角继续放大一倍。这样,就把题目中给的角度进行了 3 等分。

其实,当长针走一个 α 度角时,短针走过的角度正好是长针的 $\frac{1}{12}$,也就是 $\frac{\alpha}{12}$。如果把这个角度放大一倍后再放大一倍,就相当于放大了 4 倍,也就是说,得到的角度就是 $\frac{\alpha}{12} \times 4 = \frac{\alpha}{3}$。

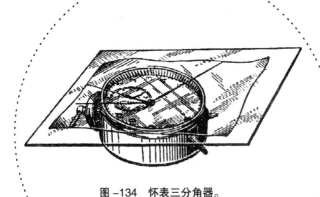

图-134 怀表三分角器。

Chapter 10
无须测算的几何学

怎样等分圆周

喜欢动手制作东西的人,经常会在实际的工作中,碰到下面这些需要动脑筋的题目。

【题目】 从一块铁片上割出一个正多边形,边数是任意指定的。

事实上,这个题目跟下面的题目一样:把一个圆周平均分成 n 份,这里的 n 是整数。

【解答】 我们暂且先把量角器放到一边,不用它。毕竟,这是一种用视觉来解决问题的方法。接下来,我们就试着只用直尺和圆规,借助几何的方法来解决问题。

我们先要思考的是:从理论上讲,只用直尺和圆规,能把一个圆周平均分成多少个相等的部分呢?这个问题,数学上已有正确的答案,也就是说,不是所有的数字都可以。

这些数字是可以实现的:2、3、4、5、6、8、10、12、15、16、17……257……

而这些数字是不可以实现的:7、9、11、13、14……

更糟糕的是,对于这类题目,没有一个固定的作图方法。比如,分成 15 等分和 12 等分的方法就不一样,而且这些方法不太好记。在实际工作中,迫切需要找到一种几何学方法,哪怕只是求出近似值,只要方法简单一些即可。

很可惜,几何学的课本并没有注意到这个问题。下面,我们就来介绍一个解答这类题目的有意思的近似方法。

如图 −135 所示,任取一直径 AB,用圆规作一个等边三角形 ACB,在直径 AB 上取一点 D,使 $\dfrac{AD}{AB}=\dfrac{2}{9}$。通常碰到这类问题时,我们都把这一线段分成 $2:n$。

连接点 C 和点 D，并延长至圆周上的点 E，弧线 AE 大概等于圆周长度的 $\frac{1}{9}$。或者说，弦 AE 就是内接正九边形的一条边，其误差大概是 0.8%。

用算式表示刚才作图中的圆心角 AOE 和等分数 n 的关系，则有：

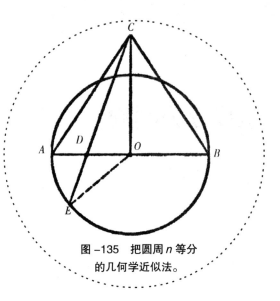

图 -135 把圆周 n 等分的几何学近似法。

$$\tan \angle AOE = \frac{\sqrt{3}}{2} \times \frac{\sqrt{n^2+16n-32}-n}{n-4}$$

如果 n 的数值比较大，上式可以简化为：

$$\tan \angle AOE \approx 4\sqrt{3}\,(n^{-1}-2n^{-2})$$

从另一种意义上说，要把圆周准确地划分成 n 等分，圆心角 AOE 应该是 $\frac{360°}{n}$，把 $\frac{360°}{n}$ 和 ∠AOE 进行比较，可得到误差的大小。下表中，我们列出了一些 n 值对应的误差。

n	3	4	5	6	7	8	10	20	60
$\frac{360°}{n}$	120°	90°	72°	60°	51°26′	45°	36°	18°	6°
∠AOE	120°	90°	71°57′	60°	51°31′	45°11′	36°21′	18°38′	6°26′
误差 %	0	0	0.07	0	0.17	0.41	0.97	3.5	7.2

由上表可知，若采用上面的方法把一个圆周平分成 5、7、8、10 部分，误差并不大，只有 0.07% ~ 1%。如此小的误差，在实际情形下，完全可以忽略不计。但如果这个 n 值比较大，此方法的精确性就要大打折扣，误差会比较大，但最大也不会超过 10%。

让"聪明的台球"来倒水

刚刚我们通过简单的几何作图方法,解决了一个打台球的题目。现在,我们来让台球自己解答一个有趣的古老的问题。

你一定会说:这怎么可能呢?台球还会思考?没错!倘若我们要进行某种计算,并了解题目中的已知条件和接下来的计算方法,以及计算顺序,那就完全可以把这项工作交给机器来完成,而且它比我们计算得快很多,并能得出正确的答案。

人们就是依靠这个想法发明了很多用来计算的机器,最简单的就是计算器了,而比较复杂的要数计算机。现实生活中,我们经常碰到下面的题目:在一个定量的容器中盛有一种液体,装得很满。现在,想把液体的一部分倒出来,可手里只有两只空的容器,在已知它们的容积的情况下,如何倒最合适呢?

我们可以来看一道这样的题目:有一只水桶,容量是12勺(1升等于10合,1合等于10勺),另外两只水桶的容量分别是9勺和5勺。现在,我们在大桶里装满水。如果用这两只空桶来分大桶里的水,如何才能做到平分?

要解答这个问题,我们当然不能真的用水桶来试。事实上,借助下面的表格,我们就能做到。

9勺桶	0	7	7	2	2	0	9	6	6
5勺桶	5	5	0	5	0	2	2	5	0
12勺桶	7	0	5	5	10	10	1	1	6

上表的每一列中,标出了每次倾倒的勺数。

第一列：空着9勺桶，把5勺桶倒满，也就是说，12勺桶里还有7勺水。

第二列：把12勺桶里的7勺水倒进9勺桶。

……

此表中共有9列，也就是说，倒9次就能够解开这个问题。

事实上，如果变换倾倒的顺序，一样可以解决这个问题。而且，试过之后你会发现，上表中的方法并不是唯一的，若采取其他的方法，倾倒的次数要大于9次。

说到这儿，你可能会有下面的两点想法：

·能不能找到一个能适用于倾倒任何容量液体的倾倒顺序？

·能不能用两个空容器从第三个容器中倒出任意数量的水？比如说，用9勺空桶和5勺空桶，从12勺桶中取出1勺、2勺、3勺或者11勺水？

对于这些问题，只要制造一张结构特殊的台球桌，台球也能够解答出来。

找一张白纸，在上面画一些斜形的格子，使每个格子都成锐角为60°的菱形，每个菱形的大小相等。然后，按照图-136所示，画出图形OBCDA。

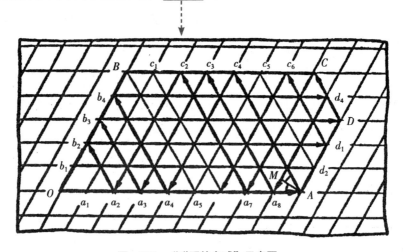

图-136 "聪明的台球"示意图。

这样的话，一张特殊的"台球桌"就做好了，它的形状就是图-151中的图形。

如果台球在台球桌上沿着直线OA运动，那么根据入射角等于反射角这一反射定律，

∠OAM= ∠MAc₄，所以台球会被边 AD 弹回来，并沿着直线 AC₄ 滚过去，然后在点 c₄ 又撞到边 BC，接着沿着直线 c₄a₄ 滚回来，之后，它会沿着直线 a₄b₄、b₄d₄、d₄a₄ 滚……

前面的题目中共有 3 个桶：9 杓桶、5 杓桶和 12 杓桶。与此对应，在图 -151 中，我们取边 OA 为 9 格，边 OB 为 5 格，边 AD 为 3 (12-9=3) 格，边 BC 为 7(12-5=7) 格。需要注意的是，图形边上所有的点，都跟边 OB 或者 OA 相隔一定的格数。比如，点 c₄ 跟边 OB 相隔 4 格，跟边 OA 相隔 5 格；而点 a₄ 跟边 OB 相隔 4 格，跟边 OA 相隔 0 格（a₄ 本来就在边 OA 上面）；点 d₄ 跟边 OB 相隔 8 格，跟边 OA 相隔 4 格，等等。

每当台球撞击边上的每一点，都对应着两个数字。我们假设这两个数字中的一个就是跟边 OB 相隔的格数，用它表示 9 杓桶里面的水量，也就是杓数；而另一个数则表示同一个点跟边 OA 相隔的边数。那么，剩下的水量就是 12 杓桶中的杓数。

直到现在，所有的准备工作都做好了，我们可以利用这个"聪明"的台球来解答问题了。

把这个台球再次沿边 OA 打出去，这个台球在碰到每个台边时，会接着折到另一条台边上。我们不妨这样假设，经过几次跟台边的撞击，它到了点 a₆，如图 -151 所示。

第一次的撞击点：A（9；0），即第一次倾倒时，应该按右表来分配 12 杓桶中的水。

9 杓桶	9
5 杓桶	0
12 杓桶	3

9 杓桶	9	4
5 杓桶	0	5
12 杓桶	3	3

第二次的撞击点：c₄（4；5），即第二次倾倒时，台球给我们左表中的分配建议。

第三次的撞击点：a₄（4；0），即第三次倾倒时，应把 7 杓桶中的 5 杓水倒回到 12 杓桶中。

9 杓桶	9	4	4
5 杓桶	0	5	0
12 杓桶	3	3	8

9 构桶	9	4	4	0
5 构桶	0	5	0	4
12 构桶	3	3	8	8

第四次的撞击点：b_4（0；4），按左表进行分配。

第五次的撞击点：d_4（8；4），即要把 12 构桶中的 8 构水倒进 9 构桶中。

9 构桶	9	4	4	0	8
5 构桶	0	5	0	4	4
12 构桶	3	3	8	8	0

就这样，只要跟着台球走，就能够得到下面的表：

9 构桶	9	4	4	0	8	8	3	3	0	9	7	7	2	2	0	9	6	6
5 构桶	0	5	0	4	4	0	5	0	3	3	5	0	5	0	2	2	5	0
12 构桶	3	3	8	8	0	4	4	9	9	0	0	5	5	10	10	1	1	6

在倾倒多次之后，即可完成题目的要求，在两个桶中都有 6 构水。而且，这个问题是台球帮助我们解决的。不过呢，跟前面的解答方法相比，台球做得并不好。因为前面的方法只需要倒 8 次就行了，这里却需要倒 18 次。

其实，台球偶尔也能给我们提供一些简单的方法。如图 -151 所示，如果让台球沿着边 OB 打出去，根据"入射角等于反射角"这一反射定律，当它沿着边 OB 滚到点 B 后，就会从边 BC 折回来，再沿边 Ba_5 滚过去。接着，它会沿着边 a_5c_5、c_5d_1、d_1b_1、b_1a_1、a_1c_1 滚去，最后沿着边 c_1a_6 到达点 a_6。可以看出，这里只需要 8 次程序！

按照这样的假设，如果把台球每一次的撞击点记录下来，就能够得出下面的表：

9 构桶	0	5	5	9	0	1	1	6
5 构桶	5	0	5	1	1	0	5	0
12 构桶	7	7	2	2	11	11	6	6

这就表明，台球给我们提供了只要 8 次程序就可以完成题目要求的方法。

不过，在有些类似的题目中，可能无法得到我们需要的答案。那么，对于这样

Chapter 10
无须测算的几何学

的情况，台球是如何发现的呢？很简单：在这种情况下，台球会返回到出发点 O，而不是到需要的点上。

如图-137 所示，这里的桶分别是 9 杓桶、7 杓桶和 12 杓桶，它给我们的结果是：

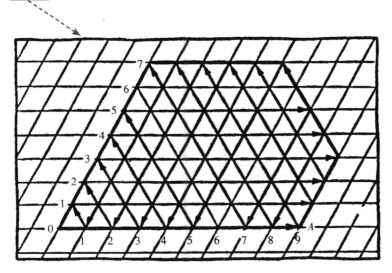

图 -137　"聪明的台球"告诉我们不能用 9 杓桶和 7 杓桶从装满水的 12 杓桶中倒出两份 6 杓水。

9 杓桶	9	2	2	0	9	4	4	0	8	8	1	1	0	9	3	3	0	9	5	5	0	7	7	0
7 杓桶	0	7	0	2	2	7	0	4	4	0	7	0	1	1	7	0	3	3	7	0	5	5	0	7
12 杓桶	3	3	10	10	1	1	8	8	0	4	4	11	11	2	2	9	9	0	0	7	7	0	5	5

这台"机器"告诉我们：用 9 杓桶和 7 杓桶，从盛满水的 12 杓桶里，可以倒出任何杓数的水，除了 6 杓。

如图 -138 所示，如果这 3 个桶分别是 6 杓桶、3 杓桶和 8 杓桶，台球只撞了 4 次边，就回到了出发点 O。从下表中可见，也无法从盛满水的 8 杓桶中倒出 4 杓水来。

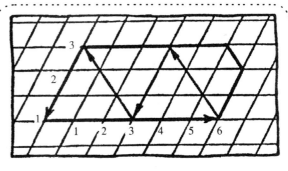

图 -138　解答另一道关于注水的题目。

6 杓桶	6	3	3	0
3 杓桶	0	3	0	3
8 杓桶	2	2	5	5

从上述的例子可知，在我们设计出的"台球桌"上，"聪明"的台球成了一部特殊的计算机，能够解答倾倒的题目。

一笔画出来

【题目】 如图-139所示,现在要把这5个图形描到一张白纸上,要求每一个图形只用一笔描下来,即在描的过程中,铅笔不能离开白纸,且已经描过的不能再描第二遍。

很多人拿到这个题目时,都会选择从图形d开始。在他们看来,这个图形是最简单的。不过,他们很快就会失望,因为这个图形似乎根本就描不出来。他们怀着失望的心情继续尝试其他图形,结果让他们惊讶的是:看起来好像很复杂的第一个和第二个图形,很轻松地就能描出来,甚至更复杂的第三个图形也能够描出来。只有第四个图形和第五

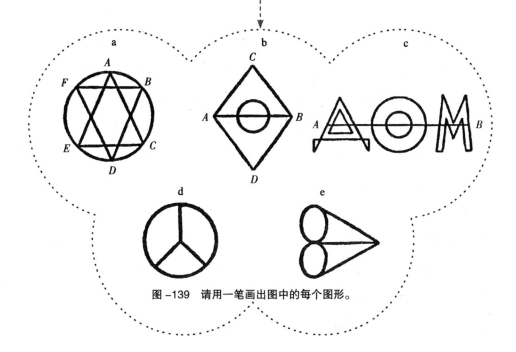

图-139 请用一笔画出图中的每个图形。

图形，不管怎么试都描不出来。

为什么有些图形可以一笔画出来，有些却不能呢？是我们不够聪明，还是根本无法做到？面对这样的情况，我们是否能找到一种方法，事先判断出某个图形能否一笔描出来呢？

【解答】 我们不妨把图形中各条线的交点称为"结点"，把偶数条线会聚的点称为"偶结点"，把奇数条线会聚的点称为"奇结点"。在图形 a 中，每个结点都是偶结点，在图形 b 中，有两个奇结点（点 A 和点 B）；在图形 c 中，奇结点在中间横切的直线两端；在图形 d 和图形 e 中，各有 4 个奇结点。

我们来看看，所有结点都是偶结点的几个图形，比如图形 a。在描画时，我们可以从图上的任意一点 S 开始。比如说，先通过的是结点 A，那么这里有两个方向：一个是朝向点 A，一个是远离点 A。对每一个偶结点来说，从这个结点出去的线和进去的线的条数是相同的，每次从一个结点描向另一个结点时，还没有被描绘的线就会减少两条，因此描完所有的线后就会回到出发点 S，从理论上来说，是完全有可能的。

可是，如果笔回到了出发点，已经无路可走，而图形上还有一些线没有描绘，我们可以假设这些线是由结点 B 引出的，而我们已经走过结点 B。这就是说，我们必须要调整刚才的路线：在到达结点 B 时，先描出刚才那些没有描到的线，等回到点 B 后，再按照原来的路线描下去。

假设我们想这样描绘出图形 a：先描三角形 ACE 的每一条边，到达点 A 后，再描出圆周 ABCDEFA。这样的话，三角形 BDF 就没办法描到了，所以，我们必须在离开结点 B 并沿圆周上的弧线 BC 描之前，先描三角形 BDF。

总而言之，如果这个图形的所有结点都是偶结点，无论从这个图形的哪一个点开始描，肯定都能把这个图形用一笔描下来。也就是说，图上所有的线描完后，终点会跟起点重合。

接下来，我们再来看看有两个奇结点的图形。

以图形 b 为例，从图中可见，它有两个奇结点，分别是点 A 和点 B。

试一下就知道，这个图形也能用一笔描出来。

实际上，从其中的一个奇结点开始，经过某几条线到达第二个奇结点，从点 A 经过 ACB 到点 B。描完这些线后，对每个奇结点来说，就少了一条线，似乎这条线不存在一样。所以，这两个奇结点就变成了偶结点。在这个图形中，没有其他的奇结点，所以，现在的图形就只有偶结点了。

在图形 b 中，描完 ACB 后，剩下的图形就只有一个三角形和一个圆周。对于这样的图形，我们说过，可以用一笔画下来，所以整个图形完全可以用一笔描下来。

需要指出的是，当我们从其中的一个奇结点开始描画时，必须选择好通往第二个奇结点的路径，不能出现跟原来的图形隔绝的情况。比如，当我们描画图 -139 中的图形 b 时，如果从奇结点 A 沿直线 AB 到达另一个奇结点 B 的，就不可以。此时的圆周跟其他部分隔绝开了，剩下的图形就无法描到了。

总而言之，如果在一个图形中有两个奇结点，想描画成功，必须从其中的一个奇结点开始，最终停在另一个奇结点上。也就是说，笔的起点跟终点不在同一个点上。我们可以得出一个结论：如果一个图形有 4 个奇结点，它只能用两笔画出，而不是一笔，如图 -139 中的 d 和 e。

现在，我们已经知道，正确地思考问题，就能够事先知道很多事况，避免浪费精力和时间。倘若今后遇到此类题目，你可以立刻断定，这个图形能否一笔画出来，并且你还知道要从哪一个结点开始描画。此外，你也可以自己设计出一些这样的图形，让你的朋友来解答。

最后，请你把图 -140 中的两个图形用一笔描出来。

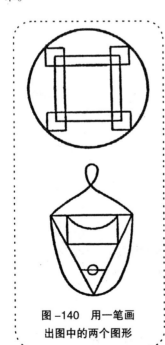

图 -140　用一笔画出图中的两个图形

柯尼斯堡的 7 座桥

200 多年前,柯尼斯堡的波列格尔河上架着 7 座桥,如图 -141 所示。

1736 年的一天,数学家欧拉(当时他只有 29 岁)在河边散步,突然对下面的题目产生了浓厚的兴趣:只走一次,能不能把这 7 座桥都走遍呢?

不难看出,这个题目与我们前面讲的关于描画图形的题目如出一辙。

如图 -156 中的虚线所示,我们不妨先把可能的路径画出来。结果,得到的图形跟图 -154 中的 e 相同,有 4 个奇结点。根据前面的分析可知,这个图形是无法用一笔描画出来的。也就是说,在通过这 7 座桥的时候,我们无法做到每座桥只通过一次。当时,欧拉在发现了这个问题后,还特意进行了一番证明。

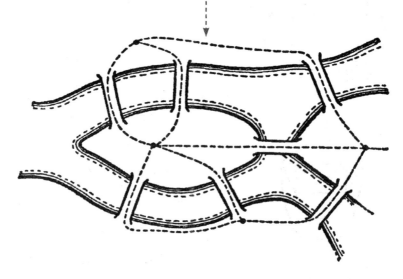

图 -141　如果只准走一次,能不能把 7 座桥都走遍?

Chapter 10
无须测算的几何学

下棋游戏中的"常胜将军"

我们来介绍一个游戏：找一张正方形的纸，以及一些形状相同且对称的东西，比如分值相等的硬币、围棋的棋子、火柴盒等。尽量多找一些，保证它们能够铺满这张纸。

游戏需要两个人配合，按照顺序，每次拿一枚棋子，依次放到这张纸上的任意位置，一直放到纸上再也放不下任何棋子为止。任何的棋子放下去之后，都不可以再改变它的位置。最后放下棋子的人，算获胜的一方。

【题目】 玩这个游戏的时候，有没有一种方法能保证走第一步的人获胜？

【解答】 如图-142所示，先下棋的人把第一枚棋子放到这张纸的正中间，让棋子的中心与纸的中心重合，之后只要把每一枚棋子放到对手所下的棋

图-142 下棋游戏。

子的对称位置，并一直遵守这个原则。这样的话，只要对方仍然能够找到位置放置棋子，你也就能够找到放棋子的位置，所以第一个放棋子的人必然会获胜。

其实，这个方法可以用几何学来解释：大家都知道，四方形的纸有一个对称中心，通过这个中心点的直线可以把这张纸分成两半，也就是图形被分成了两个相等的部分。所以，在这个四方形的纸上，除了中心点，其他的位置必然有一个对应的对称位置。

综上所述，只要先下棋的人占据了纸的中心点，无论对手把棋子放在什么地方，在四方形纸上都可以找到这个地方的对称位置，把棋子放在那里。每次放棋子的时候，位置都由后走的人选择，所以玩到最后的时候，当他还要放棋子的时候，纸上已经没地方了。此时，先放棋子的人就成为胜利者了。